녹색의 상상력

녹색의 상상력

과학기술 사회와 생태적 삶

박병상 지음

황우석국익자본

외신기자들은 우리나라를 대단히 역동적인 국가로 평한다고 한다. 본국에 몇 년, 아니 몇 달만 다녀와도 사회 분위기가 상당히 바뀌는 곳이 대한민국이란다. 해외에 보름만 나갔다 와도 낯설게 느껴지는 텔레비전 광고보다 빨리 바뀌는 분야가 있다. 서울대학교 수의과대학 황우석 교수의 배아줄기세포 연구에 관한 윤리 내용과 그 진위 논란, 그리고 원천기술 여부가 그것이다. 자고나면 바뀌는 정도가 아니다. 오전 오후로 논의 내용이 바뀌어, 무심코 며칠만 지나가면 뭐가 뭔지 도무지 이해하기 어렵다. 황우석 교수와 노성일 미즈메디 병원 이사장이 서로에게 책임을 씌우는 잇따른 기자회견을 하고 서울대학교 조사위원회에서 관련 사실을 새롭게 들추어내면서, 불치병과 난치병 치료를 기대해왔던 환자와 그 가족을 포함해서 많은 시민들은 혼란을 넘어 정신적 충격에 휩싸이고 있지만, 아직도 뭐가 어떻다는 것인지 갈피를 잡지 못하고 있다. 믿었던 황우석 교수를 쉽게 내칠 수 없는 모양이다. 이 책이 독자들 손에 들어갈 즈음이면 황우석 교수의 배아줄기세포 연구를 둘러싼 이번 사태는 또 어떤 분위기로 반전돼 있을까. 상상 밖의 논문 날조를 밝힌 서울대학교 조사위원회의 최종결과가 검찰로 넘어간 시점에 의도적으로 보이는 황우석 교수의 마지막(?) 기자회견은 반전을 다시 노린 노회한 의식을 연상케 한다. 하지만 현기증 나는 반전은 미련을 남긴 채, 사필귀정이라는 제자리로 접어들 것이다.

2005년 5월 《사이언스》에 실린 황우석 교수 논문에 대한 MBC PD수첩의 의혹 제기로 진위 여부까지 논란되면서 우리나라의 과학자 집단은 원로를 중심으로 몹시 흥분했다. 언론에서 과학 논문의 진위를 따지는데 따른 불쾌감이었다. 그런데 원로들은 사실, 착각했다. PD수첩 팀은 논문의 진위 여부를 앞장서 판단하지 않았으니까. 제보된 의혹에 무게를 느낀 PD수첩 팀은 검증할 능력이 있는 연구기관을 수소문해 과학자에게 조사를 의뢰했고, 그 결과의 일부를 들은 대로 귀띔했을 뿐이다. 요즘 과학기술은 과학을 전공하지 않은 PD들이 판단하기 어렵게 복잡하다. 이웃 연구실의 연구 내용을 제대로 이해하지 못할 정도이다. 심지어 같은 교수의 대학원생끼리라도 진척상황을 속속들이 헤아리지 못하는 연구가 허다하니까. 그만큼 세분화되고 첨단화되었다는 것이다. 따라서 검증을 의뢰한 PD수첩은 과학자가 대답해 준 내용을 시민들이 이해할 수준으로 풀어 방송할 예정이었을 거고 실제 그랬다.

과학에 대한 검증은 다분히 과학으로 접근해야 하는 까닭에

　　녹색의 상상력

과학자가 맡을 수밖에 없다. 하지만 과학에 대한 궁금증이나 의문마저 과학자에 맡겨야 하는 건 아니다. 과학기술의 성격에 따라 일반인들도 의혹을 가질 대목도 많다. 물론 과학자들 사이의 학술논쟁으로 진위를 먼저 파악하는 것이 좋겠지만 우리나라의 경우 사정이 여의치 않다. 인맥과 학맥으로 얽힌 과학자 사회는 연구비의 크기와 향배에 따라 목소리가 좌우되고 전공이 움직인다. 어느 과학자의 선후배인지 누구의 스승이고 제자인지 뻔히 아는 처지에, 내부 고발은 기대하기 어렵다. 저임금 대학원생들이 혹사당할 정도로 거대해진 과학기술은 연구비 없이 수행할 수 없는데, 대학원생의 등록금과 취업을 고려해야 하는 교수는 권력을 쥔 선배나 동료교수의 문제를 알고 있더라도 눈감기 십상이다. 과학자 사회에서 눈 밖에 나면 연구비 수혜 대상에서 한동안 소외될 것을 염려해야 하고, "당신 제자 안 키우는가?" 하는 선배교수의 점잖은 핀잔 한마디면 지도교수는 위축되기 마련이다. 제자 앞길을 지도교수가 막을 수 없는 노릇일 테니까.

PD수첩은 왜 의혹을 제기했을까. 틀림없이 그 내부 사정을 잘 아는 과학자의 구체적인 제보가 신빙성 있기에 움직였을 것이다. 그 과학자는 자칫 공들여 쌓아온 연구 인생을 망칠 수 있을 텐데 왜 제보를 감행했을까. 세간의 천박한 추측처럼 실력부족에 따른 질시 때문일 리 없다. 연구자의 양심을 더는 거스를 수 없었기 때문일 것이다. 의혹이 거듭 공개되면서, 자신이 확립했다는 배아줄기세포의 DNA 재검사는 절대 없다던 황우석 교수 측은 후속 연구 성과로 검증받겠다고, 곧 획기적인 논문을 내놓

겠다고, 시간을 더 달라고 주문한다. 하지만 안타깝게도, 앞으로
전개될 연구 성과는 과거 논문의 의혹을 전혀 검증하지 못한다.
일부 네티즌이 오해하는 바와 달리 PD수첩이나 시민단체는 황
우석 교수팀의 연구능력 자체를 의심하는 것이 아니다. 다만 지
난 논문에 사용한 자료 중 일부(또는 전부)의 신빙성에 의문을
제기했던 것이다. 제기된 의혹을 풀지 않고 넘어가면 나중에 더
큰 의혹에 휩싸일 수 있다.

　사필귀정이다. 반전에 반전을 거듭하는 배아줄기세포 진위 공
방의 어지러운 역동성은 공동연구자인 미즈메디 병원 노성일 이
사장의 이실직고(?)와 서울대학교 조사위원회에 이은 검찰의 수
사로 가닥을 잡아가는 듯 보인다. 노성일 이사장이 왜 솔직해지
기로 마음먹었는지 확실치 않지만, 2005년 《사이언스》에 실린
황우석 교수의 배아줄기세포 열한 개 중 적어도 아홉 개는 거짓
이고, 두 개는 실체가 분명하지 않다는 주장이 기자회견에서 나
왔다. 이에 힘을 입은 PD수첩은 종영 위기를 딛고 그간에 묻혀
있었던 논란의 실체를 즉각 방영했다. 증인에게 강압으로 들릴
소지가 없지 않겠으나 끝까지 설득조였던 인터뷰 실황까지 공개
하면서 과욕이 빚은 보도윤리 위배를 정중히 사과했다. 시청자
들이 전후사정을 소상하게 이해한 이상, 이제 반전이 더는 허용
될 분위기가 아니라고 여겨진다. 진실의 윤곽이 드러나면서, 까
칠한 수염을 언론 카메라 앞에 감성적으로 공개하며 병원에 입
원한 황우석 교수는 기자회견을 자청, 줄기세포가 있고 시간만
주면 얼마든지 만들 수 있다고 결연히 주장하지만, 주장만 있고

　녹색의 상상력

실체가 없다는 느낌을 지울 수 없다. 제자들을 배석시키고 지지 세력을 불러들인 상태에서 사죄를 빙자하며 책임회피로 일관한 마지막 기자회견장에서도 6개월과 난자를 더 달라고 염치없게 부탁하지만, 동료와 제자에게 책임을 떠넘기는 태도에서 반성의 기미는 보이지 않는다. 이제까지 파괴한 출처 불투명한 난자가 얼마나 되는데, 추출과정이 전혀 윤리적이지 않은 난자를 더 파괴하면서 다시 만들어 내는 능력을 보여주겠다는 마술사 같은 발상은 허위 논문에 대한 책임 표명이 없는 상태에서 공허할 따름이다. 반성은커녕 아직도 사태의 본질을 직시하지 못하는 모습이다. '인위적 실수'라는 용어 만큼이나 가식적인 행태로 일관해 안쓰럽기 그지없다.

광기 어린 네티즌과 일부 언론의 돌팔매를 버티고 진실을 거듭 보도한 PD수첩의 용기에 감사하면서도 그들의 취재윤리를 변호할 생각은 조금도 없다. 하지만 이참에 같이 생각해보자. 한 자연인에 대한 취재가 공포를 느낄 정도로 강압적이었는지 여부는 뒤로 미루고, 검찰수사를 언급하며 증언을 유도한 일은 분명히 잘못되었지만, 그러면 연합뉴스를 비롯하여 PD수첩에 돌을 던진 언론들은 과연 이 시점에서 고개를 세울 수 있을까.

시민단체와 종교계와 윤리학계가 거듭 지적해왔던 황우석 교수 연구 과정의 비윤리성과 젊은 과학자들이 끈질기게 의혹을 제기한 논문 허위 작성이 백일하에 밝혀진 지금, 황우석 교수의 말만 받아적어 보도해온 언론들은 이번 사태에 대해 아무런 책임이 없을까. 논란의 실체를 취재할 의지도 없이 윤리가 과학기

술의 발목을 잡으면 안 된다며 황우석 띄우기에 막무가내로 앞
장선 언론은 이번 사태를 계기로 철두철미하게 반성해야 한다.
취재 자세와 보도 태도도 윤리적으로 개선되어야 하고, 공정하
게 가다듬어야 마땅하다.

취재목적을 왜곡하거나 물타기하는 일은 어느 언론이나 흔했
다. 사회고발성 프로그램일수록 몰래카메라와 허락받지 않은 녹
음기는 필수품처럼 활용하지 않았던가. 원하는 정보를 얻기 위
해 언론 종사자 이외 신분으로 자신을 숨기는 사례도 적지 않았
을 것이다. 적어도 우리 언론사회에서, PD수첩 팀에 돌을 던질
만한 양심을 지닌 언론인은 드물다고 생각한다. 이제 우리 언론
들은 낡은 취재 관행을 일신해야 한다.

관공서의 안락한 기자실에서 배포되는 보도자료에 의존하기
보다 취재윤리를 되새기며 다양한 취재원을 찾아 대립되는 의견
을 편중되지 않게 청취하며 증거를 수집하고, 자신의 판단 하에
책임지고 보도하는 기자정신을 다시 연마해야 할 것이다. 황우
석 교수를 스토커처럼 따라다니며 치료 가능성을 선정적으로 부
풀려 불치병과 난치병 환자들을 지나치게 기대하게 하고, 외신
을 내키는대로 취사선택해 국제 사회의 평가를 고의로 왜곡하
며, 밑도 끝도 없는 국가부가가치 환상을 시민들에게 심어주는
태도는 다시 반복되면 안 될 것이다.

해외 학술잡지에 논문을 경쟁자보다 많이 투고해야 교수 자리
를 잡을 희망이 생기는 요사이의 국내 대학 분위기는 영 마땅치
않다. 지방대학 출신에 유학도 다녀오지 않은 만년 시간강사 처

지라서 그리 생각하는 것만은 아니다. 역사가 증명하듯, 언어가 종속되면 문화까지 종속되고, 문화가 종속되면 제 나라의 과학도, 사회도, 시민의식도, 본래의 모습을 잃어버리기 때문이다. 주로 영어인 외국어로 논문을 쓰기 위해 더 공부해야 하는 시간이 아깝다는 의미도 아니다. 외국어에 의존하면서 자신의 언어를 은연중 무시하게 되고, 자신이 처한 불리한 환경에 불만이 생기게 되지 않겠는가. 우리와 다른 언어를 모국어로 사용하는 나라가 제시하는 기준에 의해 자신의 사고와 행동이 바뀌면 연구자는 정체성에 혼란을 겪게 될 것이다.

타고난 자신의 삶과 환경을 스스로 억압하고 훼손하면서 연구의 개성과 신념까지 잃을 수 있다. 영어는 선진, 한국말은 미개로 오해할까 두렵다. 1949년 미국 트루먼 대통령은 미국화된 국가를 선진국으로 지칭하며 줄서기를 강요했다. 그러자 지구촌 곳곳은 환경문제의 중병을 앓고 있다. 세계가 트루먼이 제시한 기준에 충실하려다 자원을 낭비하고 생태계에 대한 폭력이 거세어졌던 탓이다. 누군가 영어를 제국주의 언어라고 지적한다.

외국 학술잡지에 논문을 투고하지 않으면 안 되는 마당이므로 우리나라의 이공계 연구자는 그들이 요구하는 윤리기준에 민감할 수밖에 없다. 교과서를 읽은 의과대학생이라면 기본적으로 내용을 알고 있는 '헬싱키 선언'이 그 대표 사례가 될 것이다. 제자의 난자가 연구에 사용되었으나 당시에는 몰랐고 나중에 알았지만 프라이버시 차원에서 비밀에 붙이기로 했다고 주장하는 황우석 교수는 매매된 난자를 사용했다는 사실도 나중에 알았다고 해명한다. 하지만 황우석 교수의 해명은 어딘가 옹색하다. 생명공학 연구자가 헬싱키 선언을 몰랐다는 주장은 교통경찰이 교차로의 신호등 규칙을 모르는 경우에 비견할 수 있으니까. 애국하는 과학자를 비통하게 만들었다는 언론과 네티즌도 있지만, 어안이 벙벙하다. 애국하지 않겠다는 연구자도 있던가. 한 중앙 언론매체의 의학전문기자 겸 논설위원은 어처구니없는 말을 무책임하게 쏟아냈다. 텔레비전 토론 프로그램에 나와 "사실을 까발려 국익에 지장이 생겼다"고, "국익이 진실보다 중요하다"고 주장하기까지 한다. 이는 듣는 이를 여러모로 서글프게 한다. 우리 과학의 '인위적 실수' 또는 과오가 민족주의 감정으로 덮어질 수 있을까. 그 덕분에 국익이 발생할까. 군사독재정권의 악몽을 경험한 처지에 전체주의의 섬뜩함을 느끼지 않을 수 없다.

그나마 다행인 것은, 형제 운운할 정도로 막역한 공동연구자인 미국 피츠버그 의대 제럴드 새튼 교수의 결별선언이 논란을 촉발했을지언정, 우리 땅의 젊은 과학자에 의해 의혹이 제기되고, 드러났다는 사실이다. 논란이 증폭되는 와중에서 시민단체는 황우석 교수 논문의 진위 여부를 독립된 제3의 과학자에게 맡겨 해소하자고 제안했다. 내용을 전혀 숙지하지 못하는 대통령까지 나서 진위논쟁의 종식을 공식적으로 바라는 엉뚱한 분위기가 연출되고, PD수첩은 광기 어린 네티즌들의 등쌀로 광고가 사라지더니 급기야 방송까지 중단되었다. 이 마당에 황우석 교수 논문의 진위를 검증할 만한 용기 있는 독립 과학자를 순조롭게 수소문할 수 있을지 알 수 없었는데, 먹구름 속의 한줄기 햇살처럼 이땅의 젊은이들이 살아 있었다. "과거를 묻지 말라, 앞으로 잘 하면 되잖아!" 하며 지나갔더라면 어쩔 뻔 했을까. 제기되는 의혹의 경중과 관계없이 앞으로 등장할 다른 과학자의 부정행위까지 물어야 할지 모른다.

외국에서 문제를 제기하고 그들의 요구로 실체가 밝혀졌다면 어쩔 뻔 했을까. 생각하면 모골이 송연해진다. 논문 위조 사실이 외국에 의해 드러났다면 우리 과학은 침몰한다. 국제적 망신은 돌이키기 어려울 뿐 아니라 국내 연구자들의 논문은 해외 학술 잡지에 실리기 매우 까다로워질 뻔했다. 신뢰할 수 없으니까 당연한 귀결이다. 이미 우리의 연구윤리에 대한 국제사회의 신뢰가 상당히 훼손되었다. 황우석 교수 팀은 아직까지 진정한 반성의 기미를 보이지 않고 있다. 황우석 교수를 일방적으로 옹호하던 정부와 언론, 특히 "과학이 아니라 마술"이라며 "확실하게 밀어 주겠다"던 청와대의 태도도 아직 모호하다. 그렇지만 이제부터라도 제기된 문제를 납득할 수 있게 밝히고 책임소재를 분명히 한 후 재발방지를 위한 제도 정비와 의지를 투명하게 실천해 나간다면 신뢰를 어느 정도 회복할 수 있을 것이다. 문제제기 덕분에 미숙했던 연구윤리가 성숙해지고, 과정이 투명해지면서 연구결과도 더욱 신뢰하게 될 것이다. 한 달 가까이 계속된 양심적인 국내 소장파 과학자들의 끊임없는 문제제기와 해명요구는 앞으로도 우리 과학계의 정화능력으로 빛을 발할 것이고 의당 그래야 한다. 그러한 면에서, 우리 사회는 황우석 교수 연구 과정의 윤리문제를 제기한 사람들을 무턱대고 비난하면 곤란하다.

오히려 사태를 이 지경까지 몰고 오게 된 원인을 제공한 정부와 정치권, 언론과 학계는 철저히 반성해야 한다. 재발방지를 위한 제도정비에 능동적으로 나서야 한다.

과학은 일차적으로 논문을 심사하는 과학자 집단에 의해 검증되어야 옳겠지만, 시민들이 과학에 대해 점점 소외되는 현상도 해결해야 할 우리 사회의 중요한 과제 중 하나이다. 복잡한 수식과 용어로 소통되는 과학기술의 내용을 소비자인 시민들은 이해하기 어렵다. 근래에 이르러 점점 거대화되는 과학기술은 최근 더욱 복잡해졌다. 과학기술 뒤에 이윤을 찾는 기업과 패권을 노리는 국가가 자리하면서 언어가 암호화되고, 연구결과는 특허로 보호돼 일반인의 접근은 봉쇄된다. 생명공학과 정보산업과 핵산업들이 그렇다. 기업은 현란한 광고를 통해 개발한 상품의 소비를 유인하려 들고, 국가는 연구결과를 기밀에 붙이지만, 혜택이 자본과 국가에 최우선으로 돌아가는 대신, 피해는 고스란히 소비자의 몫으로 다가온다.

과학기술은 과학기술자만의 몫이 아니라는 주장이 제기되고 있다. 위험과 윤리에 대한 문제제기가 잇따르는 과학기술은 사전에 시민이 평가하고, 시민이 원하는 바에 따라 공평하게 제공되어야 한다는 목소리가 나오고 있다. 1983년 인도 보팔시 유니온 카바이드사의 농약공장 폭발과 1986년 구소련의 체르노빌 핵발전소 폭발을 비롯한 숱한 과학기술의 사고가 연속 발생하면서 그런 목소리가 들리기 시작했는데, 과학기술자와 기술관료에 의해 밀실에서 한쪽 논리로 결정되던 정책을 사회의 판단에 맡기자는 주장이다. 기존 '과학기술'에 '사회'를 더 붙인 이른바 '과학기술사회'(STS)를 제안하는 것이다. 공급자가 아니라 소비자, 오늘이 아니라 내일, 사회적 약자와 생태계의 안위들을 두루 살피는 과학기술정책을 시민들의 목소리를 반영하며 민주적으로 결정하자는 당위성인 것이다. 그를 위해 과학자는 과학기술을 대중에게 쉽게 안내하고, 시민들은 과학기술에 관심을 가져야 한다고 과학기술사회학자는 주장한다.

그런데 그런 주장을 받아들이는데 우리 사회는 아직 흔쾌하지 않다. 고등학교 2학년부터 이공계와 인문계가 분리되기 때문이다. 과학기술에 대한 시민들의 권리가 지금보다 충족되려면 분리된 인문계와 이공계 사이의 벽을 낮추거나 없애야 한다. 인문사회적 성찰 없이 과학기술만 끌어올리다 촉발된 '위험사회'를 먼저 만난 국가들의 경험을 참조하면 좋겠다.

최근 일부 과학자들은 '이공계 위기론'을 제기한다. 정당한 대우를 받지 못해 이공계에 지원하는 인재가 줄어들고 있다는 하소연도 그 위기론 속에 포함돼 있다. 공부도 남 못지않게 많이 했는데 의사나 변호사보다 수입이 적다고 푸념하는 이공계도 있다. 그렇다면 인문사회계는 온전할까. 인문사회계는 과학기술의 윤리와 민주적 정책결정을 끌어갈 준비가 되어 있을까. "이공계가 위기라면 우리는 고사상태"라고 인문사회학자들이 좌절해온 지 이미 오래되었다. 이번 배아줄기세포 논란과 숱한 환경사고에서 짐작하듯, 사물과 현상을 인문과 사회적 측면으로 파악하지 못하는 과학기술은 천박하기 쉽다. 과학자를 위해서, 그리고 과학기술을 위해서, 과학을 모르는 인문사회 전공자들이 인문사회를 모르는 과학자가 내세우는 성공신화에 맹목적으로 현혹되는 현상이 이제는 반복되지 않아야 한다. 위험사회의 도래가 걱정되니까.

이번 파동은 우리 사회에 생각할 거리를 많이 남겼다. 새삼 타산지석의 교훈을 되새길 때이다. 과학기술은 윤리의 기반에서 연구되어야 한다는 상식으로, 우리 사회에도 윤리적 연구를 위한 제도적 장치가 필요하다는 각성을 새로 인식하리라 믿는다. 한데, 과연 자연스런 생명의 흐름을 역행하려는 생명공학이 불치병과 난치병 치료에 궁극적인 효과가 있긴 있는 걸까. 안정된 환경을 파괴하는 온갖 개발 역동이 필연적으로 빚는 수많은 질병을 생명공학이 해결할 수 있을까. 이번 역동적 논란과 그에 이은 파동을 겪으면서도 우리 사회가 생명공학 자체의 위험성과 비윤리성, 그리고 효용성 유무를 거의 고민하지 못하니 저는 그 점이 그저 아쉽기만 하다.

이와 같은 인식론을 기반으로, 한 권의 책을 엮었다. 생명공학과 관련하여 최근에 문제제기한 글을 앞에 묶고, 우리의 절박한 환경 현안과 천박한 상황 인식에 대해 애달파하며 여기저기 투고한 에세이들을 뒤에 모았다. 현기증 나게 발생하는 생명공학의 문제에 직면할 때마다 읽는 분들에게 실체를 알려야 한다는 절박한 마음으로 원고를 작성하다 보니 꼭지에 따라 중복되는 내용이 눈에 띈다. 눈에 거슬리겠지만 문맥 유지를 위해 그대로 두었다. 넓은 아량을 부탁한다. 이어 우리 사회에 등장하는 여러 환경현안과 환경인식을 생태적인 시각으로 해석한 에세이들을 소개했다. 근본주의자라는 비난을 칭찬으로 오해하는 서생의 한계를 감안하고, 환경에 대한 상식을 넓히는데 도움이 되기를 바라는 마음이다.

우리 사회는 요즘 생명공학에 대해 일방적으로 열광하지만 제기되는 문제에 대해 거의 인식하지 못하고, 알려고 들지도 않는다. 그러면서 문제제기하는 사람들을 원색적으로 비난한다. 이런 분위기에서 이 책이 나왔다. 이 책을 읽는 분들이라도 생명공학에 내재된 비윤리와 위험성을 조금이라도 인식하게 된다면 나는 큰 보람을 느낄 것이다. 생명공학의 생태적인 대안도 생각했는데, 야무진 기대이지만, 나의 글이 생명공학 반대와 감시운동에 동참하는 계기가 되었으면 한다. 이어지는 글은 가볍게 읽을 수 있다. 우리 사회의 환경실상을 다양한 각도로 조명하면서도 희망을 이야기하고자 했다. 환경운동을 비롯한 대부분의 시민운동은 희망을 가진 낙천주의자의 몫이라고 선배들이 가르쳐준 덕분이다. 이 책을 읽은 분들이 대안을 생각하고, 환경운동 현장에 참여한다면, 열대림을 파괴해 만든 이 책은 생태계에 진 빚을 조금이라도 갚는 셈이다.

사실 동료들이 '생태주의자' 로 남들에게 소개하곤 하는 나는 '환경' 보다 '생태' 라는 용어를 더 좋아한다. 이미 건설업자들에 의해 '생태골프장' 과 '생태아파트단지' 가 운운되면서 생태라는 용어도 '환경' 이상 오염되었지만, 그래도 생태가 더 좋다. '나' 를 중심으로 행동하는 환경운동보다 '우리' 를 중심으로 하는

'생태운동'이 더 근본적인 까닭이다. 그 생태에는 '나'보다 '우리'의 개념이 들어가고, 우리에는 가족과 내 노후, 주변의 생태계, 후손의 삶까지 두루 포함된다. 바로 희망의 내일이다. 이 작은 책이 이야기하는 녹색 상상력이 내일을 희망으로 앞당기고 연장하는데 도움이 되길 '또한' 희망한다. 아울러, 출판 사정이 무척 열악한 가운데 잘 팔릴지 기대할 수 없는 책을 흔쾌히 출간해준 달팽이출판에게 진심 어린 감사를 드린다. 달팽이출판도 내일을 희망으로 맞을 수 있으면 좋겠다.

매듭이 없는 시간은 2005년을 벌써 보냈다. 2006년은 여러모로 더 나아지려는지. 돌이키기 어렵게 황폐화된 환경에서 내일을 희망으로 일구는 일은 쉽지 않을 것이다. 그래도 녹색 상상력의 시민운동은 퍼져나가야 한다. 그런 신념을 퍼뜨리기 위해서라도 계속 글을 쓰고 말을 아끼지 않을 것이다. 내일은 불안스런 역동보다 안정적인 환경이기를 바라면서.

2006년 1월 박병상

녹색의 상상력

차례

머리말
황우석국익자본 **5**

생명공학의 위험성과 비윤리성 **21**

황우석 생명공학의 신화와 그 위험성 _23　누구를 위해 배아는 희생되는가 _48

개복제는 쾌거도 인류복지도 아니다 _55　디엔에이 50년, 그 이후의 인간 _62

위화감을 심화시키는 의료과학기술 _69　후손을 존중하는 생명과학 _74

농민의 눈높이에서 살핀 지엠오 _82　지엠오 반대, 시민이 나서야 한다 _88

인류가 자초한 부메랑, 질병 _100　과학기술의 만화경 _106

생명공학의 위험성과 비윤리성 _111　계속되어야 할 생명공학 감시운동 _138

생태적 삶과 녹색의 상상력 **149**

아이를 생각하는 환경이어야 한다 _150　우리에게 다가온 침묵의 봄 _155

광우병 대안은 느리게 살기 _163　현대판 이스터 섬의 석상 _168

인간의 행복은 발전에 있지 않다 _174　땅 살리는 똥으로 내일을 살리려면 _182

생태계 이해당사자는 따로 없다 _188　인간의 천적은 인간이다 _194

느리게 살고 싶은 도시인 _200　참여정부의 환경윤리 _206

녹색 미래의 대안 에너지 _215　모유먹이기 후진국인 까닭은 _220

한계보이는 개발의 허구성 _225　아름다운 죽음으로 인도하는 행복한 삶 _231

내일을 위한 고령화 사회 대처법 _236　생태 적 삶에 대한 열 가지 오해 _247

생명공학의 위험성과 비윤리성

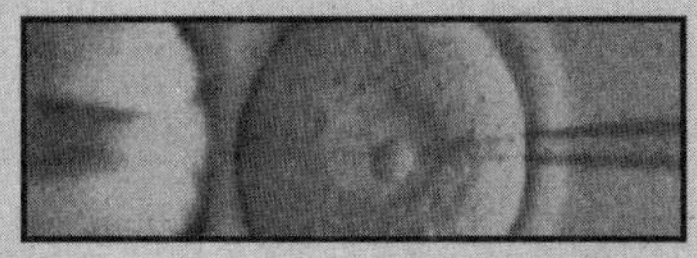 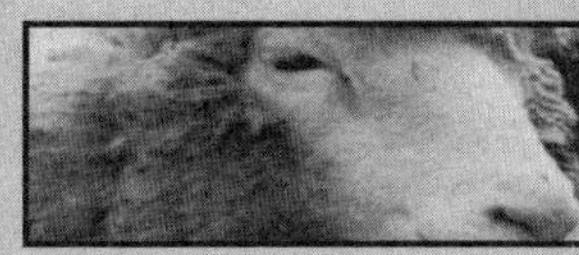

질병의 원인인 환경오염을 그대로 두고 환경을 더욱 교란하는

생명공학으로 질병을 말초적으로 치료할 수는 없다.

불치병 난치병 치료 운운하기에 앞서 환경문제를 먼저 해결하는

노력을 가시적으로 보여주어야 한다.

황우석 생명공학의 신화와 그 위험성

1990년 4월 특별한 임무를 띤 아기가 미국에서 태어났다. 백혈병에 걸린 딸을 치료할 목적으로 잉태한 그 아기는 정관을 복원한 45세 아빠와 42세 엄마 사이에서 어렵사리 수태되었고, 고등학교 2학년인 언니의 조직형질과 잘 맞는다는 걸 양수천자로 확인하고야 세상에 나올 수 있었다. 아기가 태어난 후 14개월 만에 의료진은 성공확률 70퍼센트의 골수이식수술을 결행했고, 1996년 6월, 드디어 언니는 완쾌될 수 있었다. 시엔엔이 주목한 운 좋은 해피엔딩이었다. 형제끼리 조직형질이 맞을 확률은 25퍼센트임에도 한 번의 임신으로 적중되지 않았던가. 하지만 그 소식을 들은 많은 사람들은 박수갈채만 보내지 않았다. 생명을 치료를 위한 재료로 대상화했기 때문이었다. 실제로 의료진과 아기의 부모는 조직형질이 언니와 불일치한다면 낙태하려 했다.

불치병에 걸린 아버님의 치료를 위해 임신 중인 아기를 낙태해 삶아드렸다는 풍문이 사실로 드러난다면 세상은 가만히 있지 않을 것이다. "아기는 또 낳을 수 있지만 하나뿐인 아버님을 잃

을 수 없잖아요." 하고 남편 또는 아내를 설득했다고 해도 용서
하기 어려울 것이다. 아기의 개성과 인권은 인정머리없이 대상
화되었고, 그런 일이 반복되는 걸 사람들은 용인할 수 없는 까닭
일 것이다. 이번엔, 뱃속의 아기가 수정 후 8주가 채 안 된 배아
라면 괜찮을까. 서슬이 퍼런 모자보건법이 배아의 생명을 보호
하지 않아도 8밀리미터의 발바닥을 가진 아기의 얼굴이 몹시 귀
여울 텐데. 그렇다면, 시험관에서 수정되어 겨우 10여 일 분열된
현미경적 크기의 초기 배아라면 어떨까. 좀 아리송할까. 움직이
지도 자극에 반응하지도 않는다. 생명이라기보다 세포 덩어리에
불과하므로 당연할까. 당연한지 당연하지 않은지를 놓고 치료법
을 찾으려 애태우는 의사나 환자나 보호자들이 결정한다면 초기
배아는 치료용 줄기세포 연구 재료로 당장 각광을 받을지 모른
다. 하지만 착상 이후 사람으로 태어날 수 있는 생명 하나는 분
명히 꺼졌다.

　생명은 언제부터 시작되는가. 다분히 철학적인 질문이다. 진
화생물학자는 원시 대양에 복제 가능한 유전자가 등장했을 시점
부터 생명을 찾을지 모른다. 법은 인간 이외의 생명에 관심이 없
는지 민법은 태어난 이후부터 생명이라고 주장하나보다. 뱃속의
아기가 사고로 죽어도 배상은 필요 없단다. 형법은 수정 후 8주
부터 생명으로 보는 듯하다. 8주 이후 태아를 지우면 낙태로 처
벌 가능하지만 8주 이전인 배아에겐 무관심하다. '시험관 아기'
를 시술하는 불임클리닉은 착상 이후부터 생명으로 논하자고 부
추긴다. 그래야 착상 이전의 배아를 다룰 때 윤리적 저항을 덜

느낄 것이다. 줄기세포를 연구하는 생명공학자는 '원시생식선'을 운운하며 수정 후 14일이 지나야 생명이라고 눈을 부릅뜬다. 원시생식선은 발생과정에 잠시 나타나는 현상에 지나지 않는데.

인천시에 도로 표기를 담당하는 업자가 있었다. 그가 시의원이 되자 인천시 어디를 가나 도로표시가 선명해졌다. 예산이 세 배나 껑충 뛴 결과였다고 결산검사에 임했던 이가 귀띔했다. 그래서 그런가. 지방자치단체 의원 중 상당수가 건설관련 업자로 포진한 요즘, 천지사방은 개발 광풍이다. 건설업계의 비중이 20퍼센트가 넘자 경기를 위해 건설은 필수라는 논리가 판을 친다. 이익을 추구하는 공급자들이 손수 관련 규정을 만든 결과다. 주택보급률 100퍼센트를 105퍼센트로 바꾼 이는 수요자가 아니다. 주택건설업체다. 주택보급을 가구 수보다 늘여야 한다는 국내외 연구논문들은 누구의 지원을 받았을까.

전기생산업체가 사용량을 예측할 때 발전소는 계속 확충된다. 석탄이 천연가스에 비해 값이 세 배나 싸다고 거품을 무는 영흥도의 화력발전소는 어쩌면 세 배 이상 발생할 수도권 시민들의 호흡기 질환을 외면할 것이다. 물 부족을 외치는 수자원공사는 댐을 계속 지으려 한다. 관련 자료는 어차피 그들이 챙긴다. 환자는 누가 만드나. 오염된 환경이 질병을 유발하지만 환자의 정의는 의료산업이 담당한다. 그 역효과를 보라! 아이를 낳는 환자와 유치를 뽑아야 하는 환자들이 병원마다 북적이지 않는가. 쌍꺼풀이 없는 환자를 넘어 키 작은 환자, 지능이 높지 않은 환자, 치매에 걸린 환자, 심지어 머리카락과 눈동자 색이 파랗지 않은 환자들이 인간의 선호 유전자를 분리 배양 치환하는 생명공학 덕분에 양산될지 모른다.

줄기세포의 종류와 윤리적 한계

수정란부터 사망하기 전까지의 모든 생명체는 세포분열을 하고, 세포분열이 왕성한 곳에 줄기세포는 존재한다. 줄기세포는 크게 두 가지로 구별할 수 있다. 세포조직의 분화가 끝난 성체줄기세포와 그 이전의 배아줄기세포가 그것이다. 배아줄기세포는 흔히 서울대학교 수의과 대학 황우석 교수가 연구하는 배아복제줄기세포와 마리아생명공학연구소의 박세필 박사(또는 미르메디 병원 노성일 이사장)가 시도하는 잔여배아줄기세포로 다시 구별하는데 이런 배아줄기세포는 수정 후 14일 이전의 배아로부터 주로 유도하고, 성체줄기세포는 성체의 몸에서 대개 유도한다.

성체줄기세포는 이론적으로 태아 이후부터 사망 직전 성체의 몸에서 두루 추출하여 유도할 수 있으나 낙태시킨 태아의 몸보다 '제대혈'로 칭하는 신생아의 탯줄 속 혈액과 신생아 이후의 신체에서 유도하는 것이 대부분이다. 개체의 생명을 해치지 않는 범위에서 유도할 수 있으므로 윤리적 저항이 적을 것이다. 배아줄기세포는 이론적으로 수정 직후 세포분열이 왕성한 초기부터 세포분화를 마친 태아 이전까지 모든 과정의 배아에서 추출할 수 있으나 대개 자궁에 착상시키지 않은 초기 배아를 희생시킨다. 자궁 밖으로 위험스레 꺼낸 후기 배아를 희생시키는 것보다 윤리적 저항을 줄일 수 있을 것이다.

황우석 교수는 기증된 난자에서 핵을 제거하고, 핵이 제거된 난자에 환자의 체세포 핵을 대신 밀어넣어 전기 자극을 가하는 방식으로 체외에서 배아를 복제 창출한다고 했다. 자연에 없는 방법으로 억지 수정돼 배아의 모습을 갖춘 복제수정란은 엉겁결에 분열을 시작하는데, 이렇게 만든 복제된 배아가 배반포 상태로 분열되었을 때, 배아를 희생시켜, 다시 말하면 배아를 죽여 줄기세포를 유도한다. 복제된 배아를 체외에서 4에서 5일 분열시켜 자궁에 착상하면 복제인간이 잉태될 수 있다. 황우석 교수는 복제인간은 기술적으로 불가능하다고 기회 있을 때마다 강조한다. 1세기 이상 지나야 복제인간이 나타날 수 있을 것으로 과학적 근거 없이 예단한다. 하지만 아니다. 복제양 돌리도, 진위가 의심받는 황우석 교수의 작품인 젖소 영롱이와 비육우 진이도, 2005년 최고의 발명품으로 《타임》에서 선정한 개 스너피도 같은 방식으로 복제돼 태어났다. 사람도 마찬가지다. 대리모의 자궁 수를 충분히 확보하면 전혀 어렵지 않을 것이다. 더구나 작년 242개의 난자에서 하나의 줄기세포를 유도한 황우석 교수는 올해 16개에서 하나가 성공될 정도로 배아복제 성공률을 획기적으로 높였다고 자랑하지 않았던가. 배아복제와 복제인간은 착상 여부만 다를 뿐 기술적 차이는 없다.

지난 5월 31일자 《뉴욕타임스》와 가진 인터뷰를 통해 황우석 교수는 자신은 생명을 죽이지 않았노라고 강변했다. 핵이 없는 난자에 체세포 핵을 넣었을 뿐이라는 해명이었다. 이른바 '핵이식 복합체'라는 그 발언은 듣는 이에게 섬뜩한 상상을 불러일으키게 한다. 난자는 자체로 생명체는 아니나 생명체로 분화할 능력을 가진 아주 특별한 세포다. 난자 세포막에 작은 상처를 내어 핵을 빼내고 같은 방식으로 빼낸 체세포 핵을 강제로 밀어넣는 과정에서 상당수의 난자가 죽고 어렵게 성공해 생명을 얻은 복제배아도 줄기세포를 위해 결국 죽여야 한다. 체세포도 생명체는 아니지만 생명은 있다. 난자와 체세포로 유도한 복제배아가 아니라 복합체이므로 생명체가 아니라는 황우석 교수의 논리는 멀쩡한 사람에게 그대로 적용 가능하다. 수정 이전의 난자와 정자도 생명체는 아니지 않은가. 그와 같은 태도로 배아복제를 계속 추진한다면 여성의 지위는 어떻게 될까. 앞으로 여성의 몸은 난자 공급 기계로 취급될지 모른다.

우리나라 불임클리닉은 한 번에 십여 개의 난자를 적출하는 것으로 알려져 있다. 심지어 30개 이상을 적출하는 곳도 있다고 들린다. 시험관아기 시술 성공 후 불임클리닉은 남은 배아를 얼려둔다. 동생을 대비해 보통 5년 동안 액체 질소 속에 얼리지만 이후 보호자의 동의를 거쳐 폐기하는데 기왕 폐기될, 즉 어차피 죽일 수밖에 없는 배아라면 줄기세포로 활용하자는 박세필 박사의 제안이다. 하지만 전제가 필요하다. 배아를 남기려는 의도로 필요 이상의 난자를 적출하지 않아야 한다는 의료윤리 차원의 약속이다. 그래서 윤리학자들은 남겼다는 의미가 있는 '잉여' 보다 불가피하게 남았다는 의미가 함축된 '잔여'라는 용어를 배아 앞에 붙인다. 물론 이 경우에도 착상하면 생명으로 태어날 한 생명은 희생될 수밖에 없다는 윤리적 한계를 지닌다.

상상력으로 미화되는 배아줄기세포

배아로 줄기세포를 유도하려는 생명공학자들은 수정 후 14일 이전의 배아는 단순한 '세포덩어리'라고 애써 강조한다. 세포가 일부 손실되어도 큰 탈 없이 개체로 발생하던 배아에 원시생식선이 일단 출현하면 약간의 상처도 배아를 죽게 하므로, 이때부터 한 명의 아기로 태어날 수 있는 이른바 배아의 '전일성'이 형성된다는 소견이다. 하지만 그 주장은 현재 전문가 사이에서 논란 중이다. 전일성은 분열 초기부터 존재한다는 주장이 과학계 일각에서 제기되는 까닭이다. 연구재료로 사용할 목적으로 전일성을 편의적으로 들먹이는데, 수정 이후 자연스레 분열하면서 개체로 탄생하는 초기 배아는 원시생식선이 나타나야 자격이 생기는 예비 생명이 아니다. 그럴싸한 목적에 따라 세포덩어리로 손쉽게 규정되는 의학용 연구재료는 더욱 아니다. 하지만 수정란에서 배아, 배아에서 태아, 태아에서 신생아, 신생아에서 성체로 자연스레 이어지는 생명은 분화가 시작되기도 전에 생명공학자에 의해 실용주의로 대상화되고, 그 순간 존엄성을 잃는다. 생명에 존엄성이 사라진 이후 소용돌이칠 비윤리적 사태를 생명공학은 과연 수습할 수 있을까.

　수정 후 14일 전후의 배아는 배반포 상태로 분열 중이고, 그 배아 가운데에는 장차 아기로 성장할 세포들이 아직 분화 이전 상태로 덩어리져 있다. 배반포 과정을 지나는 배아는 자궁에서 8주까지 성장하면서 점차 신체의 200여 가지 장기와 세포조직으로 섬세하게 분화하는데, 분화가 완료되면 태아(fetus), 완료되기 이전을 배아(embryo)라고 발생학은 정의한다. 8주 이후의 태아 세포들은 오직 한 가지 세포조직으로 특화된 까닭에 이후 성장을 위한 분열을 거듭하지만, 배아 세포들은 발생 단계에 따라 분화될 스펙트럼이 넓거나 좁을 것이다. 아직 덩어리 상태에 머물고 있는 수정 후 14일 전후의 초기 배아는 어떨까. 당연히 200여 가지의 모든 세포조직으로 분화될 가능성을 가진다. 생명공학자들은 그래서 흥분하는 것이다. 초기 배아 속의 세포덩어리를 적출해 줄기세포를 유도하면 원하는 세포조직으로 분화시킬 수 있지 않을까 기대하면서.

　세포분열이 왕성한 부분이라면 초기 배아부터 죽기 이전의 성체까지 대개 줄기세포가 있다. 면도하다 지쳐 수염을 기르고 싶을 정도로 줄기세포는 끈질기게 같은 세포를 분열시키지만 나이가 들면 피로해진다. 멜라닌색소를 잃은 줄기세포로 인해 나타나던 새치가 어느새 백발로 변하는 경우와 마찬가지로 상처가 아무는데 전에 없이 오래 걸릴 때 우리는 노화가 다가오는 것을 느낀다. 줄기세포가 피로해진 까닭이다. 줄기세포가 더욱 노쇠해지면 퇴행성질환을 앓는다. 환경에 따라, 개개인에 따라, 장기

또는 조직에 따라 퇴화 정도는 일정치 않아 근육이 약해져 힘이 떨어지거나 호흡량이 줄어들고, 혈관의 탄력이 줄어 뇌나 심장 혈관에 이상이 발생하며, 신경세포가 급격히 줄어들어 치매로 접어들 수 있다. 그럴 때 초기 배아로 유도한 줄기세포로 신선한 특정 세포를 만들어 질환 부위에 정확히 보충하거나 아예 젊은 줄기세포를 퇴행하는 장기에 직접 주입하면 질환이 치료될지 모른다고 생명공학은 착안한다.

신선한 세포나 줄기세포라 해도 다른 이의 것이라면 거부반응을 피할 수 없다. 미 해군 사관생도였던 성덕 바우만 군을 백혈병에서 구해내려 한국의 100만 대군이 일제히 팔 걷어붙인 경험도 있다. 감동할 만한 동포애였지만, 미국이 아닌 나라의 평범한 교포 여학생이었더라도 대한민국의 동포애는 그렇게 열화 같았을까. 알 수 없지만, 여기의 논제가 아니므로 그 의문은 여기서는 따지지 않기로 한다. 이처럼 낮은 확률을 극복하기 위해 생명공학은 1997년 이안 윌머트가 복제 양 '돌리'를 발표하면서 소개한 '체세포 핵이식복제'를 응용하고자 한다. 환자의 체세포 핵을 난자 핵과 바꾼 후 난자에 전기자극을 가하는 방식으로 배아를 복제하여 줄기세포를 유도하고, 그 줄기세포로 신선한 특정 세포조직을 분화시켜 처방하면 부작용 없는 치료가 가능하지 않을까 상상하면서.

이론적으로 명백해 보인다. 새벽에 출근해 밤중에 퇴근하는 의사들도 가능성을 기대한다. 기존 의료기술로 치료할 수 없어 발을 동동 구르는 환자와 그 가족의 애타는 모습을 바라볼 수밖에 없었는데 생명공학자들이 제시하는 이론이 그럴싸하다. 어디 의사뿐이랴. 지푸라기라도 잡고 싶은 환자와 보호자는 물론, 환자의 가족과 친지들도 환호하고, 질병 감염 대상에서 예외가 아닌 보통 시민들까지 작약한다. 원가 900원 정도에 불과한 백혈병 치료제 '글리벡'을 2만 원 넘게 팔고야마는 제약회사가 확고부동한 '초국적기업'으로 성장하는 모습을 부러워하던 자본이 군침을 흘린다. 자본의 자금지원에 목말라하는 정치권은 개발을 앞세우며 표를 구걸하는데, 생명공학은 유권자를 선동하기 좋은 재료가 아닐 수 없다. 이번엔 국회와 지방의회가 목소리를 높인다. 정치인이 쥐락펴락하는 정부는 가부장적 복지에 부가가치까지 도모해야 지지도가 상승한다. 따라서 행정부가 나선다. 배아복제는 생명공학자가 작성한 이론만으로 황금알을 낳는 거위가 되었다. 하지만 그렇게 열광하는 사이, 자연은 그리 호락호락하지도 단순하지도 않다는 사실을 우리는 그만 잊고 말았다. 생명의 가치는 어느 한쪽 스펙트럼을 향해 도열하지 않는다는 진리를 깨닫지 못한다. 섣부른 이론은 실제와 거리가 사뭇 먼 것이다.

배아줄기세포의 기술적 한계

배아줄기세포를 기존 심장조직과 섞어 주의 깊게 배양하면, 배아줄기세포는 심장조직으로 분화하여 박동까지 한다. 박세필 박사는 불임클리닉에 보관된 냉동잔여배아로 배아줄기세포를 유도했고 그 줄기세포를 쥐 심장세포와 함께 배양하여 인간의 심장조직으로 분화시켰다. 박세필 박사는 심장조직으로 분화된 줄기세포가 힘차게 박동하는 동영상을 청중들에게 득의의 표정을 지으며 보여준다. 그러자 가족과 친지 중에 심장이 약한 환자가 있는 청중들도 가슴이 뛴다. 그런데 시험관에 보관된 그 심장조직이 인체에 들어간 뒤 언제까지 심장조직으로 유지될지 청중은 물론 박세필 박사도 모른다.

복제하였든 잔여배아를 활용하였든, 배아줄기세포는 안전과 안정성이 없다. 그래서 어떤 연구자는 '럭비공'으로 표현했다. 암세포처럼 쉬지 않고 분열하는 배아줄기세포는 언제나 200여 가지 세포조직으로 분화할 능력이 열려 있으며 특정 세포조직으로 일단 분화한 뒤에도 주위 환경에 따라 엉뚱한 세포조직으로 다시 변할 가능성이 멈추지 않기 때문이다. 그 과정에서 암세포로 바뀔 가능성이 현저해 임상에 절대 적용할 수 없다. 초기 배아로 유도한 줄기세포인 까닭이다. 심장조직으로 분화된 줄기세포가 체내로 이식된 이후에 암세포로 진행된다면 감당할 수 없는 치명적 문제가 발생할 것이다.

연구자들은 인력과 장비와 연구비가 확대 지원되면 안전과 안정성을 확보할 수 있다고 장담하고 싶겠지만 아직 희망사항일 뿐 그 가능성도 점치기 어렵다. 지금은 밑 빠진 독과 같이 연구비를 잡아먹는 오리무중의 연구단계다. 그렇다면 줄기세포로 불치병과 난치병을 치료할 수 있다는 주장은 현재, 분명한 허구다. 도대체 불치병과 난치병이 무엇인가, 노화로 비롯되는 질환, 환경이 원인인 각종 암, 유전병들을 불치병과 난치병으로 정의하는가. 그들이 정의하는 불치병과 난치병은 과연 치료 대상이고 배아복제로 치료할 수 있다고 주장해도 옳은 것인가.

좋다. 그들이 정의한 불치병과 난치병은 치료될 수 있다고 치자. 지금은 연구단계인데 배아를 굳이 복제해야 할까. 어차피 폐기될 운명으로 합리화하며 수행하는 냉동잔여배아 연구도 윤리 문제가 없는 게 아닌데, 배아를 일부러 복제한 다음 죽여야 옳을까. 아무리 고쳐 생각해도 연구를 위해 배아를 복제하는 행위는 윤리적일 수 없다. 환자의 체세포를 이용해 복제하는 까닭에 거부반응이 없을 거라는 믿음도 확실한 게 아니다. 복제에 사용한 난자의 세포질에 존재하는 미토콘드리아 유전자는 환자와 엄연히 다르다. 거부반응이 나타날 수 있다. 또한 이미 피로한 상태인 노인성 환자의 체세포는 줄기세포를 유도해도 효용이 낮을 가능성이 대단히 높다. 선천성 질환을 복제한 배아줄기세포로 치료가 불가능할 가능성이 높다. 그 질병 유전자를 모든 체세포가 가지고 있을 것이 아닌가.

배아줄기세포의 안전과 안정성 연구는 잔여배아로 유도하여 은행에 보관하고 있는 기존의 줄기세포로 충분하다. 미토콘드리아 유전자의 거부반응도 냉동잔여배아로 얼마든지 연구할 수 있다. 사정이 그러한데도 밑도 끝도 없는 희망사항을 미끼로 인간의 배아복제 연구비는 거듭 증가하고, 시민사회는 감시는커녕 사후 검증도 할 수 없다. 국가정보원까지 동원하는 정부가 알아서 연구 비밀을 보장해준단다. 가능성이 엿보이지 않는 가운데 지출되는 막대한 연구비는 거의 세금이다. 바야흐로 연구 자체가 목적이 된 듯 보인다. 실속 없이 찬란한 '연구 산업' 시대의 도래를 납세자들까지 마냥 기뻐해야 옳을 것인가.

최근 우리나라에 줄기세포은행을 설립할 것이라는 보도가 언론들의 톱기사로 나왔고, 이에 발맞춰 '세계 줄기세포 허브'의 소장으로 등극한 황우석 교수는 우리나라가 불치병과 난치병을 치료하는 메카로 등극하게 될 것이라며 자랑스러워했다. 그런데 성체줄기세포라면 모를까 배아줄기세포는 아직 터무니없다. 더구나 맞춤의료를 강조하는 배아복제줄기세포인데 은행은 자기모순이며, 럭비공 현상을 잡지 못하는 한 배아줄기세포은행은 시기상조다. 반면, 태아 이후의 몸에 존재하는 성체줄기세포는 배아줄기세포와 달리 매우 안정적이다. 일부를 체외로 추출하여 특정 세포조직으로 분화시킬 경우 럭비공 현상이 없을 정도로 안정적이라고 관련 전문가들은 한결같이 주장한다. 배아줄기세포 연구자들은 분화되는 세포의 절대량이 작고 아직 분화되지 않는 세포조직이 있다는 점을 지적하지만 그 방면 전문가들은 고개를 젓는다. 이른바 분화과정에서 확립하는 성체줄기세포 '중간엽 성체줄기세포'의 가능성이다. 그 성체줄기세포의 응용범위와 분화가능성, 그리고 분화되는 세포조직의 양은 기대 이상이라고 확신한다. 더구나 성체줄기세포는 임상에 적용할 정도로 안정적이라는 사실은 배아줄기세포 연구자들도 인정하지 않을 수 없을 것이다.

성체줄기세포 역시 만능은 아니다. 분화되는 줄기세포의 양을 늘리고 분화 스펙트럼을 다양화하는 연구가 더욱 수행되어야 한다. 환자 나이가 많을 경우 성체줄기세포의 효능이 떨어질 가능성이 많을 뿐 아니라 세포분열이 어느 이상 진행되면 성체줄기세포도 암세포로 바뀌는 현상도 발표되고 있다. 그와 같은 현상에 대한 대안으로 최근 제대혈에서 추출한 성체줄기세포를 이용하는 연구가 활발하다. 환자의 체세포가 아니므로 거부반응이 일어날 수 있지만, 은행에 다양한 성체줄기세포들을 충분히 확보한다면 환자와 조직형질이 일치하는 성체줄기세포를 구할 수 있을 것으로 기대한다. 전문가들은 제대혈 성체줄기세포는 면역학적 관용의 폭이 넓다고 귀띔한다. 성체줄기세포도 배아줄기세포와 같이 아직 연구단계에 지나지 않지만 우리나라는 성체줄기세포에 제공되는 연구비가 배아줄기세포 연구에 비해서도, 외국의 성체줄기세포 연구에 비해서도 터무니없이 적다. 미국을 비롯한 의료기술력이 높은 대부분의 국가들은 성체줄기세포에 대한 연구비를 실로 막대하게 제공한다. 그만큼 임상 적용 가능성이 높기 때문이라지만, 어쩌면 돈 되는 특허출원에 눈이 어둡기 때문일지 모른다.

인류애로 치장한 공리주의는 앞으로 어떤 분위기를 연출할까. 배아줄기세포의 럭비공 현상을 거침없는 연구비 투여로 제어할 수 있게 된다면 앞으로 얼마나 많은 난자의 적출이 무심한 여성에게 강요될까. 아이를 낳게 해준다는 속삭임에 따라 우리나라에서 적출되는 난자는 윤리지침이 엄격한 유럽에 비해 이미 서너 배 이상 많다는데, 연구보다 의료목적으로 적출된 난자가 엄격한 절차 없이 줄기세포로 전용되는 것이 의심스러운 현실에서 여성의 몸이 걱정이다. 안전과 안정성도 확보하지 못한 상태에서 메카부터 운운하는 모습을 보니 불안하기 그지없다. 자칫 비윤리적 메카로 손가락질 받을까 두렵다.

줄기세포에 관한 이처럼 복잡한 상식을 일반 시민들에게 쉽사리 이해 구하기 어렵다. 그래서 그랬을까. 환자들이 포함된 청중에게 박세필 박사는 배아줄기세포로 200여 가지 '장기'를 만들 수 있다는 상상력을 과시한 적 있다. 터무니없는 선동이다. 주위 환경에 따라 특정 세포조직으로 분화하기도 하는 줄기세포는 뇌 또는 심장으로 정교하게 성형되는 것이 아니다. 심장근육이나 뇌신경세포조직의 덩어리 상태로 양이 단순하게 늘어날 따름이다. 심장에는 정교한 구조의 2심방 2심실, 천여 가지의 병증을 가진 정교한 판막, 정확하게 분지하는 신경과 크고 작은 혈관들이 조화를 이루고, 혈관도 여러 층의 근육과 신경으로 구성돼 있다. 그런데 무작위로 부피 성장하는 줄기세포가 어떻게 복잡 미묘한 장기로 분화 성형될 수 있다고 주장하는지 선동이나 속임수가 아니라면 어처구니없다. 자체 혈관이 있을 리 없는 줄기세포는 영양 공급이 외부에서 이루어지는 까닭에 부피가 한정 없이 늘어나지 않는다. 따라서 피부와 같이 얇거나 끊어진 척추를 잇는 정도로 부피가 작은 세포조직을 치료할 것으로 기대하는 게 고작이다.

엽기적 발상이지만, 생명공학자들의 실용주의 요구에 따라 법적 생명의 시작을 수정 후 8주부터로 규정한다면? 꿈의 장기 생산도 가능할지 모른다. 그를 위해 복제된 수정란을 일단 자궁에 착상해야 한다. 수정 후 260여 일을 자궁에서 보내면 인격을 가진 복제인간이 태어나는 까닭에 삼가고, 태아 직전까지 생장한 후기 배아 몸속의 완성된 작은 장기를 적출해야 한다. 적출한 작디작은 배아의 장기를 애지중지 배양한다면 필요한 장기를 얼마든지 생산해낼지 모른다. 그러면 태아 직전까지 자란 배아는 죽지만 관계없다. 배아는 이미 생명이 아니라 세포 덩어리로 연구자 편의로 규정한 이후일 테니. 그러자면 자궁이 필요할 텐데, 과학기술은 인공 자궁을 활용할 것이다. 이미 인공자궁 연구는 꽤 진행되고 있다고 한다.

그런데 줄기세포로 치료하려고 하는 불치병과 난치병의 상당 부분은 나이들어 발생하는 노인성 질환이다. 노인성 질환은 특정 세포조직이나 장기를 일부 교환한다고 치료되는 질병이 아니다. 노화된 몸에 심장과 같은 몇 가지 장기의 기능이 갑자기 강해지면 대부분의 장기가 그 때문에 위험에 빠질 수 있다. 차라리 새 몸에 머리를 바꾸는 치료가 나을 성싶다. 그를 위해, 생명의 시작을 민법 취지를 빌려, 태어난 후라고 규정한다면? 공리주의 윤리학자인 피터 싱어의 이론을 빌려, 통증을 느끼지 않으면 이용해도 좋다고 규정한다면? 천박한 과학기술이 각색한 희망사항을 숭고하게 내세우며 생명윤리를 무력화한 후, 뇌 없는 허우대를 복제 성숙시켜 머리를 교환하자고 주장할까 겁난다.

하지만 안심하시라. 피로 정도가 심한 퇴행성질환 환자의 체세포로 분화시킨 세포조직도, 장기도, 허우대도 소용없을 것으

　녹색의 상상력

로 예상하기 때문이다. 복제 양 '돌리'가 한창 나이인 여섯 살에 늙어 연구소 측은 안락사 시켰다. 돌리에게 체세포 핵을 제공한 암양의 나이가 여섯 살이었고, 태어나자마자 여섯 살로 시작한 돌리는 6년 만에 열두 살의 나이로 늙었다는 해석이었다. 그렇다면 황우석 교수의 주장처럼 노인성 질환을 배아복제줄기세포로 치료할 수 있을까.

두 얼굴을 가진 줄기세포

불치병과 난치병 환자의 고통을 생각하여 연구하는 과학자의 충정을 누차 강조하는 황우석 교수는 "과학에는 국경이 없어도 과학자에게는 조국이 있다"고 파스퇴르의 언설을 차용하며 민족주의 감정을 건드린다. 눈물겹다. 그런 황우석 교수는 '국가 부가가치' 또는 '차세대 국가 성장동력'도 꼭 내세운다. 불치병과 난치병 환자를 위한다더니, 부가가치라. 공존하기 어려운 희망사항이다. 환자의 고통을 돈벌이로 교환하자는 게 아닌가. 불안한 나날을 살아가며 지출한 거액의 치료비로 살림살이가 파탄된 환자를 갈취하여 국가가 성장해야 한다는 주장이 아니라면 전혀 공감할 수 없다. 그런데 줄기세포로 치료하겠다는 불치병과 난치병은 무엇인가. 교통사고나 작업장 사고와 같은 후천성질환을 제외한 대부분은 유전병이거나 퇴행성질환이 아닌가. 유전병을 제외한 암, 백혈병, 당뇨병, 치매와 같은 퇴행성질환은 대부분

나이들어 발생되는 현상인데, 노인들을 환자로 규정해야 옳을까. 퇴행성질환을 치료한다는 주장은 가당할까. 좋다. 노인들의 퇴행성질환을 치료대상인 질병이라고 치자. 노인성질환의 치료를 위해 거액을 지불할 효자가 많을 것으로 누구 맘대로 짐작하는 것일까. 제 아이 과외공부도 마다하고 늙은 부모를 치료하려 해도 아마 노인들이 거부할 공산이 크다. 내리사랑이 생명의 본성이므로.

젊은이들도 간혹 불치병과 난치병으로 고통을 받는다. 그들도 원한다면 치료하는 게 옳겠다. 하지만 국가 성장동력이 발생할 정도로 젊은 환자의 숫자가 많을 것 같지 않다. 한데 젊은이들의 질병은 예방이 거의 가능하다. 농축되는 대기와 수질오염물질, 독성물질로 오염된 농작물과 그 가공식품, 넘치는 방사성물질, 질주하는 속도와 속도에 맞춘 업무량에 지쳐 쌓이는 피로와 스트레스, 그 스트레스를 잠재우는 약품들은 유전병을 비롯하여 일찍이 볼 수 없었던 각종 불치병과 난치병을 양산하지 않던가. 하지만 어떤가. 골절을 가장 많이 발생시키는 교통이나 작업장 사고는 예방하기 비교적 쉬운데도 거의 줄어들지 않는다. 평화로 위장하는 전쟁은 어떤가. 젊은이들의 불치병과 난치병은 공급자 편의로 구성된 획일적 산업화와 무관하지 않을 것이다.

새삼 강조하지만, 젊은이들의 불치병이나 난치병을 방관하자는 뜻은 결코 아니다. 치료보다 예방에 대한 투자가 선행되어야 한다는 강력한 요청이며, 성체줄기세포의 활성이 좋은 젊은이에게 안전과 안정성이 없는 배아줄기세포 치료의 환상을 심는 것은 위험하다는 지적이다. 다행스럽게 최근 성체줄기세포의 연구가 활발하다. 막연한 배아줄기세포에 목매는 우리나라의 이야기는 물론 아니다. 성체줄기세포 연구에 지원이 활발한 국가에서 깜짝 놀랄 결과들이 쏟아져 나온다. 성체줄기세포를 실험실에서 조작하니 원하는 세포조직으로 새롭게 분화하고, 이때 성체줄기세포는 배아줄기세포와 달리 환자에 적용할 수 있을 정도로 안전과 안정성을 가진다고 세계 유수의 학회지들은 속속 밝히고 있다. 초기 배아를 죽이지 않아 윤리적 정당성을 확보할 수 있으므로 성체줄기세포 기술은 종교계들도 환영한다. 미국을 비롯한 많은 국가들은 엄청난 국가 연구비를 투여하고 있다. 임상에 광범위하게 적용될 날이 멀지 않았다는 성급한 예측이 난무하는 가운데, 발표되는 성체줄기세포 연구결과는 저마다 과학적 근거를 자신 있게 제시한다.

젊은 불치병과 난치병 환자는 성체줄기세포를 이용한 치료가 실질적 대안일 수 있지만 그보다 분명해야 하는 것은 혜택에 차별이 없어야 한다는 전제다. 사회정의와 복지 차원에서 누구나 부담 없이 치료받을 수 있는 제도적 장치를 마련해야 한다. 성체줄기세포 역시 기술적으로나 경제적으로 한계가 있다는 사실은 피할 수 없다. 기술적 제한이 엄존한다. 환자의 몸을 다루는 까닭에 임상에 적용할 때 윤리문제가 발생할 수 있다. 헌데 그 정도의 문제는 기존 방식으로 충분히 극복 가능한 범주 내에 있다.

불특정 젊은이에게 시련을 안겨주는 유전병의 경우, 대부분 치료방법이 막막한 게 현실이다. 어떤 생명공학자는 유전자 치료를 내세우지만, 유전자를 조작하는 생명공학으로 유전병 인자를 미리 파악해 수선하는 풍토가 만연되면 감당하기 어려운 인권 문제를 일으킬 수 있다. 공개될 경우 사랑하는 사이의 철석같은 약속이 깨지는 것은 물론, 직장 선택이나 보험에도 차별받을 수 있다. 영화 〈가타카〉처럼 특정 유전자가 있다는 이유만으로 사회적 낙인이 찍히는 사태를 초래할 수 있다. 따라서 유전병이 만연될 정도로 오염된 우리 주변의 환경을 먼저 개선해야 마땅하다. 성체줄기세포의 효능을 먼저 타진해볼 필요도 있겠지만 무엇보다 산업화 이후 늘어난 돌연변이와 발암물질을 획기적으로 줄여 유전병으로부터 안전하고 안정된 개인과 사회의 건강을 확보하는 것이 급선무이자 근본 대책일 것이다.

그런데, 아무리 양보해도 불치병과 난치병을 치료하겠다는 줄기세포로 차세대 국가 성장동력을 도저히 끌어갈 것 같지 않다. 부가가치를 획기적으로 높이려면 거액을 지불할 환자의 수가 그만큼 많아야 하는데 그게 어디 쉬운가. 불치병과 난치병의 범주를 크게 확대할 필요가 발생할 텐데 어떤 기준을 동원해야 가능할까. 망측한 상상이지만, 지금도 고부가가치를 약속하는 미용과 성형으로 혹시 줄기세포의 젖과 꿀을 만족시키려는 의도는 없을까. 돈벌이로 각광받을 으뜸 세포조직의 후보는 단연 피부와 연골이다. 배아줄기세포는 안전하지도 안정적이지도 않으므로 일단 제외하고, 성체줄기세포로 다양한 피부조직과 연골을 분화시켜 은행에 냉동시켜 보관한다면 환자는 부작용 없는 젊은 피부와 코와 귀를 취향에 따라 언제든지 골라잡을 수 있을 것이다. 다만 문의할 환자들이 고객처럼 많아야 사업성을 만끽할 수 있으므로 환자의 범위를 확장해야 한다. 공급자와 손잡은 생명공학이 피부의 탄력을 잃은 30대 미시족까지 유인하면 어떨까. 차세대 성장동력은 따놓은 당상이 아니겠는가. 연예인의 모범 케이스와 비교해 자신의 코와 귀 모습에 불만을 느끼도록 광고하면 환자는 거듭 증가할 터, 줄기세포는 장차 반도체 사업을 능가할지 모른다. 다만, 사사건건 과학기술의 발목을 잡는 생명윤리가 걸림돌일 수 있겠다.

비판 없는 과학기술의 그림자

최근 한 인터넷 신문은 화려한 업적이 거듭 부각되는 황우석 교수와 역사 속으로 사라진 고 정주영 회장을 비교, '맨땅에서 기적을 이루었다'는 점, '어릴 적에 소와 인연을 맺었다'는 점, '위기의 한국을 구하는 난세의 영웅'이라는 점들이 공통이라고 꼽았다. 과연 언론의 카피는 위대하다. 난자를 기증한 여성의 체세포 핵으로 치환한 작년과 달리 환자의 체세포 핵으로 배아를 복제함으로써 "철문 네 개를 한꺼번에 열었다! 이제 사립문만 남았다!"고 포효한 황우석 교수는 "지나친 기대는 금물"이라며 환자들에게 모순어법을 구사했건만, 우리의 한결같은 언론들은 황우석 교수를 끝 모르게 자랑스러워한다. 전 세계가 떠들썩하다며 가슴벅차하며 떠들썩한 우리 언론들은 윤리적 우려를 표명하는 외국 윤리학자들의 주장과 '민족주의적 집단현상'이라며 비아냥하는 서방 언론들의 보도에는 일제히 눈을 감는다. 덕분에 황우석 교수는 성역 속의 영웅이 되었다.

아무리 실리주의가 세상을 주도하는 시절이라 해도, 잘 생각해보자. 황우석 교수의 결과에 높은 관심을 표명하는 다른 나라의 일부 과학자들은 연구 여건이 좋은 제 나라는 놔두고 왜 한국에 오려고 저토록 성화일까. 우리의 생명윤리 토양과 관계없을까. 우리보다 영악한 자본주의 국가들은 배아복제 영역에 왜 투자를 삼갈까. 쇠젓가락을 쓰지 않기 때문일까. 그들의 연구 능력과 자금과 인력이 우리보다 부족하기 때문일까. 최근 지구촌의 시민들은 환경을 파괴하거나 아동을 착취하는 자본과 그런 자본이 구사하는 기술로 만든 제품을 정의에 반하는 비윤리적으로 판단, 거래를 거부하는 이른바 '녹색교역운동'을 펼친다. 우리 이외의 국가들은 그 추이에 긴장하는 것은 아닐까. 줄기세포보다 성체줄기세포에 적극적인 국제사회의 흐름은 무엇을 웅변하는 것일까. 우리는 왜 이리도 감각이 없을까. 교역 상대국에서 비윤리로 낙인찍은 기술로 국가 경쟁력을 확보할 수 없을 텐데.

앞으로 10년 동안 비행기 일등석을 무료로 이용할 수 있는 특혜도 마다하지 않은 황우석 교수는 국가수뇌급 경호를 받는다. 불치병과 난치병을 치료할 수 있는 계기를 구축했기 때문이라기보다 차세대 성장동력을 독점한 국보급 '애국자'이기 때문일 것이다. 연구결과는 혼자 일구는 게 아닌데, 아이디어는 물론 기술과 제품도 선행 연구와 동료가 있기에 가능한 일인데, 좀 지나치다 싶다. 무수한 특허를 소유하고 유수한 국제 학회지에 황우석 교수보다 적지 않은 연구결과를 꾸준히 발표해온 우리나라의 다른 연구자들은 왜 주목받지 못할까. 연구결과도 남 못지않게 눈부신 그들은 숫기가 없어 조용한 것일까. 연구 결과가 황우석 교수보다 시시하다고 여기기 때문일까. 남들이 외면하는 연구에 단독 대시하는 우리의 국보급 연구자는 조용한 비판도 허용되지 않는 대스타로 등극했고 우리는 행복을 강요당한다.

"10년 뒤 나의 결정이 용서받을 수 없는 일이라고 국민이 판단한다면 미련 없이 연구를 포기하고 한국을 떠나겠다"고 배수진을 친 황우석 교수는 사석에서 "복제인간을 시도하는 자에겐 사형을!" 언도해야 한다며 자신의 연구에 정당성을 부여하지만, 《사이언스》에 실린 최근 연구에 앞서 '사망과 불임 가능성'을 난자 기증자에게 알리지 않았다는 점이 국내외 언론들에 공개된 바 있다. 제자의 난자를 사용하는가 하면 심지어 연구용 난자를 매매를 통해 구했다는 사실이 속속 밝혀지고, 그를 감독해야 할 윤리위원회가 감시는 물론 검토도 없었던 것이 드러나고 말았다. 하지만 우리 사회는 조용하라고 강요한다. 국익을 위해 눈감으라는 것인데, 윤리 없는 국익이 국익일 수 없지만, 국익이라 해도 얼마나 지속될까.

가톨릭 주교회의 관련 위원회와 불교생명윤리연구소는 인간 생명을 파괴하는 배아연구의 비윤리성에 심각한 우려를 연거푸 표명했고 기독교 생명윤리협회도 배아복제는 언제든지 인간복제로 연결될 수 있다는 점을 상기하며 성체줄기세포의 적극적 연구를 주문했다. 우리 기준으로 획기적 투자를 마다하지 않는 국가들과 달리 성체줄기세포 연구에 시큰둥한 정부의 처사에 실망한 가톨릭은 무려 100억 원의 연구비를 별도로 추렴, 성체줄기세포 연구에 제공하겠다고 공언할 정도다. 그런데 주지하다시피 배아복제는 윤리만 극복하면 용인되는 정도를 넘어선다. 과학사회학을 전공하는 국민대학교 김환석 교수는 대부분의 불치병과 난치병 환자에게 신기루에 불과한 배아복제줄기세포는 오로지 부자의 생명연장을 배려할 뿐이라고 주장한다. 더욱 근본적인 것은 후손의 눈높이에서 볼 때, 돌이키기 어려운 위험을 안겨줄 수 있다는 점이다.

윤리와 기술의 한계, 위화감을 조장하고 후손을 위험에 빠뜨리는 과학기술이라는 걱정보다 우리를 당장 섬뜩하게 하는 것은 배아줄기세포와 황우석 교수에 대한 성역화다. 작은 비판도 전혀 수용되지 않는 맹목적 사회분위기다. 쇼비니즘을 연상하게 하는 집단 민족주의 현상이다. 독일 뮌스터 대학의 송두율 교수는 다수 부풀려진 감이 있는 황우석 교수에 대한 찬양 일색을 걱정한다. "국위를 선양한 한 과학자에 대한 찬사는 이 연구가 가진 위험성에 대한 우려의 목소리를 잠재우기 충분"하더라도 비판적 견해를 무시해 발생한 성역화는 "분명히 한국 언론들이 반성해야 할 대목"이라고 지적한다. 비판 없는 과학기술은 과연 안전할까. 숱한 역사는 획일 사회의 그림자를 비판적으로 조명하는데, 환자를 치료하겠다는 숭고한 표정 뒤에 돈의 논리가 도사리는 가부장적 일방주의는 어떤 내일을 보장할 것인가.

산업화의 꽁무니를 따라다니는 정부가 누적된 환경 현안을 허술하게 처리하면서 우리의 생존공간은 턱없이 협소해졌다. 태어나는 아이의 절반 이상이 아토피이고 입대 군인의 40퍼센트에서 정자 기형이 나타나는 어제오늘의 현상은 근본적인 반성과 철저한 대안행동을 우리에게 요구한다. 실리주의자들이 주장하듯 윤리는 과학기술의 변화에 맞게 적응해야 하는 들러리가 아니다. 퇴행성질환이 만연되는 환경을 그대로 두고, 그래서 나타나는 말초적 현상을 한시적으로 잠재울 신기루를 좇아 후손의 생명을 더는 희생시킬 수 없다. 윤리는 과학기술의 발목이나 잡는 훼방꾼이 아니다. 과학기술의 기반이며 정언명령이다. 생명을 다루는 분야일수록 더욱 단단한 윤리기반 위에서 엄격히 다루어져야 옳다. 생명에는 대안이 없기 때문이다. 그런데 우리의 기반은 왜 이리 허술한 것인가.

누구를 위해 배아는 희생되는가

"시민단체 사람들에게 제발 부탁합니다. 저희들의 고통을 더는 외면하지 말아주세요!" 현직 장차관과 대학총장을 비롯하여 각 계각층의 지도층 인사가 총 망라된 황우석 교수 공식후원회장에서 가수 강원래 씨의 아내가 방송 카메라 앞에서 마이크를 잡고 눈물 흘리며 호소한 말이다. 황우석 교수의 배아복제연구는 교통사고로 하반신이 마비된 수많은 환자들의 마지막 희망이라며 연구를 막지 말아달라는 김송 씨의 눈물어린 호소는 졸지에 냉혈아가 된 시민단체를 어리둥절하게 했다. 진정, 시민단체가 황우석 교수의 연구를 막고 있었던가. 그럴 수 있다면 얼마나 좋을까.

"저희들이 십일조 꼬박꼬박 내고 있을 때 신부님은 고통 받는 환자들을 위해 무엇을 해주셨나요?" '생명윤리 및 안전에 관한 법률'의 제정 방향을 놓고 종교계, 시민단체, 정부, 과학계가 모여 공개토론회를 열 때였다. 앞자리를 차지한 불치병과 난치병 환자와 그 가족들은 배아복제의 문제를 제기하는 종교계 인사들에게 거세게 항의했고 단상에 앉은 신부는 몹시 난처해했다. 의사가 아닌 신부로서 환자와 그 가족들을 위해 기도할 수밖에 없었건만, 배아복제로 치료 가망이 없다는 걸 모르는 채, 일부 생명과학자들의 호언장담만 믿고 신부에게 항의하는 신자들의 분노에 찬 얼굴을 마주하기 어려웠을 것이다.

"당신은 언제까지나 건강할 줄 아십니까. 만일 당신 아이가 불치병에 걸렸어도 계속 반대만 할 수 있을 것 같소?" 유전병의 일종인 근육이영양증을 앓는 아이를 둔 어떤 부모는 배아복제에 반대하는 시민단체의 사무국장에게 전화로 호통을 쳤다. 배아복제로 근육병 치료는 불가능하다고 아무리 설명해도 막무가내였던 그는 "당신 아이가 계속 건강할지 어디 두고 봅시다!" 하는 협박성 발언도 서슴지 않았다. 지금은 연구단계이고 연구를 위해 굳이 배아를 복제할 이유가 없다는 설득은 스러져만 가는 아이 치료를 위해 가산을 정리해야 했던 그의 귀에 차분하게 전달되지 않았다. 이미 생명공학자의 장담에 세뇌된 뒤였으므로.

젊은 여성의 몸에 과배란 주사를 투여해 난자를 뽑아낼 때 그 여성의 몸은 한동안 혼란을 겪어야 한다. 건강한 여성은 여러 가지 호르몬의 조화로운 분비에 따라 4주 간격으로 좌우 난소에서 배란을 나누는데, 과배란 주사는 호르몬 순환에 격변을 일으키는 것이다. 하반신마취 이후 과다한 난자를 잃은 난소는 불임으로 연결될 수 있고 심할 경우 난자 기증자의 생명이 위험할 수 있다고 전문가들은 경고한다. 그래서 걱정이다. 누구도 감히 부정하기 어려운 목적인 불치병과 난치병의 치료를 위한다는 명분으로 기술자들이 난자를 과감하게 취할 것이고, 난자를 구한 의료진들은 난자 기증자들의 건강회복에 관심이 줄어들 수 있을 텐데, 자칫 난자 공급원으로 전락할 여성의 몸이 염려된다.

거친 과정을 밟아 빼낸 치료용 난자는 실험실에서 핵이 제거되고, 연구자들은 핵이 빠진 난자의 빈자리에 환자의 체세포 핵을 치환해 넣어 고압전기로 자극한다. 난자는 수정란인 양 엉겁결에 분열을 시작하는데, 분열중인 수정란을 14일 이전에 잘라, 가운데 부분에서 아직 덩어리 진 세포들을 떼어낸다. 이 세포들로 200여 가지 세포조직으로 분화할 능력을 가진 줄기세포를 유도하겠다는 것인데, 그 과정에서, 자궁에 착상되면 한 사람으로 태어날 수 있는 생명은 결국 희생될 수밖에 없다. 그런데 이 줄기세포는 '럭비공'이다. 전혀 안전하지 않다. 원하는 세포조직으로 완벽하게 분화되지 않지만 일단 분화되었다고 해도 엉뚱한 세포조직으로 얼마든지 변하곤 한다. 암세포로 변할 가능성이 매우 높다. 불순물이 완벽하게 제거되지 않은 불안정한 세포조직이나 분화방향에 안정성 없는 줄기세포를 환자의 몸에 넣었다간 큰일을 치룰 수 있다.

줄기세포는 오로지 수정 이후 14일 이전까지의 배아만으로 유도할 수 있는 유별난 물질이 아니다. 수정란부터 수정 후 8주 이전의 배아로 가능하며, 8주가 지나 몸의 모든 장기와 세포조직이 완전히 분화된 태아의 몸에서도 줄기세포를 유도할 수 있다. 막 탄생한 아기의 탯줄에 있는 제대혈도 가능하고, 심지어 태어난 지 오래된 성인의 신체에서 찾아 유도할 수 있다. 시험관아기를 시술하는 불임클리닉에 냉동된 상태로 보관중인 시술 후 남은

　녹색의 상상력

이른바 '냉동잔여배아'를 다시 분열시켜도 얻을 수 있다. 수정란을 복제했던, 잔여배아를 녹였던, 초기 배아를 자궁에 착상시키지 않고 줄기세포를 유도하면 초기 배아가 죽지만, 착상 이후의 배아를 꺼내면 사람 모습에 가까워지던 후기 배아도 생명을 잃는다.

태아부터 성체까지, 모든 세포조직이 분화된 이후에 유도하는 줄기세포는 럭비공이 아니다. 안정적으로 오직 한 가지 세포조직만 만들어 낸다. 흰 머리카락을 뽑아도 줄기세포는 흰 머리카락만 줄기차게 만든다. 배아는 발생 단계에 따라 분화 가능성의 스펙트럼이 다양하다. 수정 후 14일 이전의 초기배아에서 유도한 줄기세포는 몸을 구성하는 200여 가지의 모든 세포조직으로 분화할 능력을 가지지만 스펙트럼이 완전히 열린 럭비공이고, 자궁에서 발생 중인 후기 배아에서 유도한 줄기세포는 분화되는 장기의 종류와 분화 정도에 따라 스펙트럼이 단순해지면서 좁아지는 럭비공이다.

체세포 핵이식을 하든 냉동잔여배아를 녹이든, 배아로 유도하는 줄기세포는 '배아줄기세포'라 하고, 태아 이후의 몸에서 추출하는 줄기세포를 '성체줄기세포'라 칭한다. 최근 성체줄기세포를 실험실에서 잘 유도하면 원하는 특정 세포조직으로 다양하게 분화시킬 수 있다는 연구결과가 속속 밝혀지고 있다. 그 연구들은 성체줄기세포는 럭비공이 아니므로 암세포로 바뀌지 않아, 일부의 경우, 환자의 몸에 안정적으로 처방할 수 있다고 한결같이 자랑한다. 성체줄기세포는 생명을 희생시키지 않는다. 환자의 몸 중, 건강한 줄기세포를 찾아 유도할 수 있다. 일부 세포만 빼내 배양하면 된다. 하지만 성체의 나이가 많으면 줄기세포의 효능은 떨어진다. 분화되는 세포조직의 종류가 제한되거나 양이 작고 나중에 암으로 돌변할 가능성을 배제할 수 없다고 전문가는 주장한다.

줄기세포로 치료하겠다는 불치병과 난치병의 대부분은 퇴행성질환이고 퇴행성질환의 대부분은 암이나 당뇨병이나 치매처럼 체세포가 피로해져 발생하는 노인성질환이다. 노화가 발생한 신체에 젊은 세포조직과 장기가 갑자기 교체돼 들어오면 노인의 건강이 더욱 위험할 수 있다. 따라서 노인성질환의 치료는 신중할 필요가 있다. 건강한 몸과 마음을 오래 유지할 수 있는 복지 프로그램을 국가와 사회가 노인의 가족처럼 고민하는 것이 더욱 중요하다고 본다. 젊은이들도 퇴행성질환을 앓는다. 어린이도 예외가 아닌 유전병도 있다. 그 발생은 나날이 심각해지고 있다고 의료종사자들은 증언한다. 그런데 젊은이들의 퇴행성질환은 원인 제거가 훨씬 중요하다. 오염된 환경과 먹을거리와 스트레스가 발생 원인이 아니던가. 제도와 설비로 교통사고도 충분히 줄이거나 예방할 수 있다. 유전병도 환경이 원인이다. 원인 제거 없는 젊은이의 퇴행성질환 치료는 장기적으로 공허할 수 있다.

원인 제거를 최우선으로 주력해도 일단 발생한 젊은이의 퇴행성질환은 치료해야 옳을 것이다. 그런데 젊은이의 체세포는 건강하다. 럭비공인 배아줄기세포가 아니라 젊은 환자의 몸에서 건강한 성체줄기세포를 찾아 안전하게 치료할 방법을 모색할 수 있겠다. 하지만 치료비가 만만치 않을 성싶다. 그렇다면 사회정의와 보장 차원에서 위화감이 발생하지 않도록 국가적 고려가 제도적으로 완비되어야 마땅할 텐데, 그 비용은 만만치 않을 것이다. 오염된 환경을 복원하지 않는다면 비용의 크기는 사정없이 늘어날 것이다.

잠시, 다른 이의 장기를 이식하는 경우를 생각해보자. 거부반응이 없는 장기를 찾듯, 다른 이의 성체줄기세포를 선별해 이용할 수 있을 것이다. 성체줄기세포의 종류를 충분히 확보하면 그 가능성은 더욱 높아질 것이다. 건강한 젊은이의 몸이나 기증된 제대혈에서 다양한 성체줄기세포들을 관련은행에 축적해두면 많은 불치병과 난치병 치료가 가능해질 것이다. 그래서 대부분의 국가들은 배아줄기세포를 반대하는 대신 성체줄기세포 연구에 거액을 투자한다. 물론 배아를 죽이는 줄기세포에 비윤리적으로 치중하는 우리나라의 이야기는 아니다.

모순 한 가지. 줄기세포로 '차세대 국가 성장동력'을 외치는 일이다. 분명히 거액일 불치병과 난치병환자의 치료비를 받아 국가차원으로 돈을 벌겠다는 의도가 아닌가. 그런 치료는 전혀 거룩하지 않다. 오히려 비윤리적이다. 비윤리적인 기술의 교역을 반대하는 국제 분위기에서 메이드인코리아 줄기세포를 자랑한다면 여간 민망한 노릇이 아니다. 그런데 아직 럭비공인 배아줄기세포로 모든 불치병과 난치병을 당장 치료할 수 있을 것처럼 언론은 일방적으로 홍보한다. 희박한 가능성을 기정사실인 양 광고하는 자본과 일부 생명공학자는 무책임하다. 3천억 불을 우리나라가 단독으로 벌어들일 것으로 근거 없이 예고하는 천박한 행태는 어처구니없다. 그 사실여부는 둘째로 치고, 사람의 초기 생명체를 희생시켜 거액의 돈벌이에 나서겠다니, 이러다가 우리 후손들이 거세되겠다.

그래도 연구의 자유는 보장되어야 한다고 외친다. 그럴까. 그럴지 아닐지는 나중에 따지더라도, 배아줄기세포의 안전성 연구는 냉동잔여배아로 충분하다. 냉동 후 5년이 경과한 잔여배아는 부모의 허락을 받고 어차피 폐기해야 하므로 연구에 이용하자고 제안하는 생명공학자들이 있지 않은가. 하지만 성체줄기세포 은행은 배아줄기세포가 불필요한 세상을 앞당길 것으로 전문가들은 예상한다. 그렇다면 체세포 핵이식 방법의 배아줄기세포는 무모하다. 작금의 광고 행위까지 더하니 예상되는 내일이 무시무시하기까지 하다. 그런데 조금만 생각해도 알 수 있는 줄기세포에 관한 상식을 무늬만 똑똑한 기자들은 저버린다. 자신들이 철없이 옹립한 국보급 스타 과학자의 언설에 휘둘린다. 얼마 전 입적한 조계종 총무원장 스님도 배아복제연구에 격려를 아끼지 않았다. 배아복제를 윤회라고 주장한 생명공학자의 견해로 수천 년 이어온 불교경전의 깊이가 일거에 뒤집힌 것은 아닐 텐데.

인디언이라고 우리까지 덩달아 잘못 지칭하는 '북미원주민'들은 7대 후손을 생각하며 의사를 결정한다는데, 비판이 없는 세상은 전체주의와 다르지 않은데, 아, 배아복제를 반대하는 목소리에 돌 던지는 이땅에서 배아의 생명은 누구를 위해 희생되고 있는가.

개 복제는 쾌거도 인류복지도 아니다

서울대학교 수의대학 황우석 교수가 세계 최초의 복제 개 '스너피'를 발표하기 한나절 전, 한 텔레비전 방송국 과학담당 기자가 전화를 했다. 엠바고에 걸린 개 복제 사실을 알려주고서 어떻게 생각하느냐 물은 기자는 여의도의 방송국으로 나와 달라고 부탁했다. 한데 시간 없다고 거절했다. 평소에도 많은 기자들을 몰고 다니는 황우석 교수의 성공사례는 틀림없이 찬양 일변도로 조명되겠지만 우려의 목소리는 장신구처럼 처리될 게 뻔하지 않은가. 밀린 일도 많고, 인천의 집에서 일부러 찾아가기 싫었다. 이번엔 다른 방송사에서 인천까지 찾아오겠다고 전화했다. 그래서 인터뷰에 응했는데, 웬걸, 쾌거 선언은 물론 눈물 없이 볼 수 없는 성공담과 애환은 대여섯 명의 기자를 동원하며 소상하게 알리면서, 공영임을 강조하는 그 방송사의 종합뉴스는 알량한 장신구마저 외면하고 말았다.

개 한 마리 세계 최초로 복제하면 이리 소란해야 하나. 우리나라의 다른 연구자가 복제했어도 이렇게 시끄러울까 의아심이 든다. 가장 어려운 동물인 개를 복제했다니 대견하긴 하다. 하지만, 전 세계가 뒤집힌 것처럼 호들갑떨어야 할 정도인가. 연구자는 다른 연구기관의 성과를 의식했다고 솔직히 토로했는데, 세계 최초라는 방점을 선사받고 싶은 연구자의 공명심은 인정한다. 하지만 한마디의 우려 목소리마저 외면해야 할 정도로 생명윤리에 한 점의 문제도 없는 연구결과였던가. 황우석 교수의 연구에 대한 작은 지적에도 눈을 흘기고 욕설을 퍼부으며 저주하는 이 땅의 사회분위기는 과연 정상일까. 어째 파시즘 냄새가 난다.

세계 최초의 체세포 핵이식 복제동물인 양 '돌리' 탄생이 발표되자 당시 미국의 바람둥이 대통령은 저명한 생명윤리학자를 위원장으로 하는 국가윤리위원회를 즉각 소집했다. 인간복제와 연결될 가능성과 더불어 장차 생명윤리에 미칠 사회적 파장을 우려한 처사였다. 황우석 교수의 복제 한우에 손수 이름을 붙여 준 준비된 대통령에 이어, "과학이 아니라 마술!"이라며 몸소 방문하면서까지 경탄해 마지않은 준비 덜 된 대통령이 법 테두리를 무시하며 지원을 철석같이 약속하는 이 나라의 생명윤리는 어느 수준일까. 생명을 다루는 과학기술이 발생시킬 예상 가능한 윤리문제를 다각도로 논의 분석하여 그 문제를 해결하려고 민주적으로 노력해온 다른 나라의 사례가 전혀 부각되지 않는 분위기는 사람과 동물의 수많은 초기 생명들이 물건처럼 취급되고 파괴되어도 찬사만을 강요한다. 검증되지 않은 숭고한 목적을 일방적으로 내세우자 모든 윤리적 의혹은 잠재워진다.

이번 결과는 사람의 불치병과 난치병의 치료연구에 활용될 수 있다고 연구자들과 주류 언론들은 확신한다. 개와 사람의 질병이 많은 경우에서 비슷하고, 질병모델동물을 창출할 수 있기 때문이란다. 하지만 개와 사람 질병이 65가지나 비슷한 것은 부대끼며 사는 환경이 그만큼 가까워 질병을 공유하게 된 까닭이다. 유전적으로 개보다 영장류를 비롯한 원숭이 종류가 사람에 더 가깝다.

개와 관련된 인간의 질병은 굳이 복제하지 않아도 기존 실험용 개로 충분히 연구할 수 있다. 질병모델동물은 보통 체구가 작고 세대가 짧은 쥐를 선호한다. 비용과 관리에 유리할 뿐 아니라 연구결과가 그만큼 축적되었고, 조작된 유전자가 섞인 배설물이나 사체의 안전 처리가 비교적 쉽기 때문이다. 개는 애완동물이므로 유전자조작은 생각하지 않겠다고 황우석 교수가 밝힌 이상, 질병모델용 개는 더욱 생뚱맞을 수밖에 없다.

이번 연구를 계기로 늑대나 여우 같은 희귀 개과 동물의 복원이 가능하다는 부연설명이 연구자와 언론에 의해 시민들에게 거침없이 전파되지만, 가능성을 넘어 그럴 필요가 왜 있는지 우린 먼저 반성해야 한다. 동물원에 길든 늑대 한 마리가 울타리를 빠져나가도 수백 군경들이 실탄 들고 포위망 좁혀야 하는 우리네 생태환경에서 복제한 희귀 야생동물을 도대체 어디에 풀어준다는 것인가. 백두대간에서 등산객이나 심마니를 공격하면 어쩌나. 그저 동물원에 가두어야 시민들이 안심할 텐데, 그게 진정한 생태계 복원이겠는가. 공연히 우려하는 자세도 취하면서 언론은 애완동물 복제회사의 출현을 노골적으로 언급한다. 하지만, 6년 생 돌리가 늙어 죽은 현상을 미루어보자. 복제된 생물체의 수명이 체세포를 제공한 개체의 여생 이상으로 보전되지 못한다는 학자들의 주장이 사실이라면, 희귀동물 복제는 생태계 보전과 아주 무관하지 않은가. 도대체 개 복제가 인류복지와 무슨 관련이 있다는 것인가.

주류 언론들은 인간과 유전적으로 가장 가까운 영장류 복제를 거의 충동질한다. 하지만 황우석 교수는 복제가 아니라 영장류의 배아줄기세포만 연구하겠다고 선언하여 김이 새고 말았다. 기술적인 어려움 때문이라는데, 개도 어려웠다고 누차 강조했다. 더구나 황우석 교수팀의 연구는 국가가 정보를 보호해준다. 영장류 복제연구를 누가 관리하며 감독하나. 세금 내는 우리는 그저 스타 과학자의 약속을 무작정 신뢰해야 하는 운명이다. 그런데 우울하게도 황우석 교수는 납득할 만한 이유 없이 자신의 약속을 번복한 사실이 있다.

생명윤리가 확보되기까지 배아복제연구를 중단하겠다던 2004년의 약속이 그것이다. 주류 언론에서 주목하지 않아서 그렇지 국내는 물론 해외의 숱한 과학자와 윤리학자와 시민들이 거듭 제기한 절차의 정당성과 생명윤리에 대한 의혹은 어느 것 하나 명백하게 밝혀지지 않았다. 불치병과 난치병 치료라는 실체 없는 애드벌룬에 가려있을 따름이다.

황우석 교수는 한 미국 언론과 만나 핵을 제거한 난자와 체세포 핵을 사용해 배아를 복제했으므로 생명을 죽인 것이 아니라고 주장했다. 그렇다면, 같은 방식으로 복제한 스너피는 개일까 무생물일까. 같은 방식으로 복제할 영장류의 배아는 줄기세포로 갈 운명이므로 무생물일까. 스너피처럼 자궁에 착상시켜 세계 최초로 태어나면 텔레비전 전파를 타고 세계의 찬사를 한 몸에 받을 텐데. 인간의 복제된 배아와 복제인간의 차이는 복제배아를 자궁에 착상하는가의 차이에 불과하다.

쇠젓가락으로 콩을 골라먹는 우리의 손재주는 월화수목금금금의 가혹한 노동에 힘입어 결국 유인원을 복제할 것으로 언론은 확신하는데, 양 복제연구보다 훨씬 쉽다고 황우석 교수가 전부터 강조한 인간은 절대 복제되지 않을 수 있을 것으로 믿어도 좋을까. 상업적 사용을 막고자 연구결과를 일체 공개하지 않겠다고 황우석 교수는 천명하지만, 공개 여부와 관련 없이 우리는 국정원에서 관리하는 정보에 도무지 접근할 수단이 없다.

황우석 교수의 손끝만 스치면 쾌거로 평가하는 사회에서 이 땅의 주류 언론들이 주목하지 않는다 해도 문제점을 지적하는 생명윤리 전문가와 시민단체가 드물게나마 존재한다. 그들은 불치병과 난치병 환자의 치료를 막으려 하는 반생명적 단체거나 차세대 국가부가가치 확보를 방해하는 매국노가 아니다. 일방적으로 환호작약하는 가운데 희생되는 여성, 생태계, 다음세대의 생명을 보존하려 안타까워하는 행동세력이다. 생명윤리를 앞세운다고 돈도 명예도 보장되지 않는다. 천박한 논리에 휘둘리는 작금의 우리 사회에서 양심의 작은 목소리다. 그들의 가녀린 목소리마저 외면하고 따돌리는 사회는 과연 건강할 수 있을까.

복제 대상인 개의 생명권을 염두에 두지 않은 연구자에 의해 스너피는 태어났을 것이다. 개는 사람이 아니라고 함부로 다루어도 될 생명체가 아니건만 아무도 연구 과정에서 희생된 발생 초기의 개 생명을 애도하지 않았다. 동물의 생명을 우습게 생각하는 풍토는 결국 사람의 생명도 하찮게 취급할 것이다. 기득권을 위해 소외되는 계층의 생명이 부자들이 애지중지하는 애완동물보다 고귀하게 취급되지 않는다. 사회다윈주의에 감염된 무수한 제국주의 역사는 무엇을 웅변하는가. 질병보다 질병의 원인을 제거하는 노력이 더욱 중요하고 시급하듯, 우리 사회는 생명윤리 회복이 무엇보다 절실하다. 한 무리 국내외 스타 과학자의 언설에 따라 생명윤리가 좌지우지되는 현실에서, 숭고한 의도를 앞세워 성공하면 아무도 문제를 제기할 수 없는 분위기에서, 후손의 생명이 걱정스럽다.

과학의 성취는 한 사람의 거룩한 노력으로 이룩되지 않는다. 숱한 과학 업적의 결과가 축적돼 나타나는 것은 물론, 인문과 사회적 검증이 기반된 뒤에 비로소 빛을 발할 수 있다. 연구비의 높낮이에 연구자들이 몰려다니는 요즘, 과학기술은 가치중립이 아니다. 이익을 도모하는 자본과 승리를 노리는 패권에 종속돼 있다. 생명공학을 비롯한 현대의 거대 과학기술은 자칫 위험사회로 연결될 수 있다. 소비자인 시민이 소외된 밀실에서 공급자의 일방 논리로 정책이 결정되기 때문이다. 따라서 과학기술은 그럴싸한 그림을 그리는 과학자나, 그 그림에 비판 없이 현혹되는 당국자의 의지에 맡길 수 없다. 과학자가 그린 그림을 광고하는 자본의 선동을 액면대로 믿을 수 없다. 거대할수록 위험성이 높은 현대 과학기술은 시민사회의 민주적인 관리와 감독을 받아 투명하고 공정하게 연구, 개발, 이용되어야 한다.

이번 개 복제 사건은 지나치게 과대 포장되었다. 스너피는 쾌거도 인류복지도 아니다. 생명공학감시연대에서 긴급 작성한 논평으로 적절히 문제제기 했듯이 난치병 치유에 대한 환상도 아니다. 환상이 깨졌을 때 오는 낭패감이나 사회적 패닉 현상을 예방하거나 최소화하기 위해서라도 우리는 좀 차분해야 한다. 과학기술과 생명윤리의 수준이 우리보다 높은 나라들은 왜 생명공학 연구에 신중한 것인지 두고두고 새겨보아야 한다. 실용주의를 분별없이 앞세웠던 생명공학의 실패는 장차 사회적으로나 생태적으로 그 충격과 파장을 돌이킬 수 없다는 점을 늦기 전에 인식해야 한다.

디엔에이 50년, 그 이후의 인간

1953년 왓슨과 클릭은 한 장짜리 논문을 발표하고 노벨상을 수상했다. 20대 약관이었던 유전학자 왓슨과 물리학자 클릭은 당시 유행하던 X선 회절장치로 밝힌 디엔에이 구조를 과학잡지 《네이처》에 짤막하게 기고했고, 그 공로를 인정받아 노벨상을 수상한 것이다. 왓슨과 클릭이 노벨상을 받은 지 이제 50년. 50년 전에 비해 현기증나게 발달한 과학기술은 사람 유전자의 염기 배열순서, 즉 유전체를 유전자지도와 함께 완벽하게 해독해냈다.

디엔에이 구조와 사람의 유전체 해독, 어느 업적이 더 빛날까. 《네이처》에 기고할 당시, 누구 이름을 앞에 쓸 것인가를 놓고 왓슨과 클릭은 동전을 던졌다는 풍문이 있는데, 후학들은 "아이디어를 제공한 왓슨이 기술을 제공한 클릭보다 앞자리를 차지할 수 있었다"고 해석한다. 그 논문이 스웨덴 한림원의 주목을 받을 거로 왓슨과 클릭은 짐작했을까. 노벨상을 탄 두 사람은 현재 존경받는 원로학자가 되었는데, 유전체 해독은 아직 노벨상으로 연결되지 않고 있다. 왜 그럴까.

인간 유전체 해독 결과를 발표한 영국의 '웰컴 트러스트 생거 연구소'는 은근히 노벨상을 기대할지 알 수 없지만, 그 연구에 매달린 연구소는 한둘이 아니다. 상상을 초월하는 연구비를 받은 수많은 연구소와 연구자들의 결과가 축적되었고 영국의 그 연구소가 성과물을 모아 발표했을 뿐이다. 인간 유전체 해독 결과를 놓고 스웨덴 한림원은 50년 전과 달리 무척 고심하고 있을지 모르는데, 지하의 노벨은 어떤 고민에 빠져 있을까.

흡족한 표정을 안면 가득 채우고, "이상이 발생한 부속을 바꿔 끼우듯, 유전체 해독 결과를 보면서 이상이 있는 유전자를 바꿔 유전병과 난치병을 치료할 수 있다"고 발표한 웰컴 트러스트 생거 연구소는 노벨의 고민을 조금이라도 이해하고 있을까. 노벨이 환생한다면 '발전'이라는 명분으로 생태계를 치명적으로 파괴할 생명공학 다이너마이트 때문에 더욱 심각한 고민에 빠질지 모르는데, 인간 유전체 해독 결과는 당연히 21세기의 인류를 행복에 겹게 이끌어줄 것일까.

다이너마이트로 자연을 파괴하며 기득권을 차지한 자본은 나날이 악화되는 환경 앞에 새로운 개발을 주도하기 민망해 해야 옳다. 빈발하는 기상이변과 늘어난 독성물질로 듣도보도 못한 질병이 심각하게 확산되는 현실이 아닌가. 이럴 때 불치병과 난치병을 근원적으로 해결해주겠다는 광고를 앞세우며 생명을 개발하려는 발상이 대두된다. 그 근거는 인간 유전체 해독 결과이며, 천문학적 연구비는 자본과 그 자본에 예속된 국가가 담당했다.

인간의 유전자를 흑백 이분법으로 구분하는 목소리를 흔히 듣
는다. 질병을 일으키는 유전자는 나쁘고, 큰 키에 잘 생긴 용모
를 발현시키는 유전자는 머리를 좋게 해주는 유전자처럼 좋다는
식이다. 그렇다면 키가 작거나 머리가 나쁘면 질병인가. 키가 크
고 작다는 기준은 어디에 근거를 두고, 기억력이 좋거나 나쁘다
는 기준은 누가 왜 만들었나. 고전을 읽어보면 미인의 형상이 지
금과 사뭇 다르다는 걸 깨닫는다. 동남아시아 인들이 선호하는
용모가 아프리카나 유럽과 다르듯, 키가 크고 작음은 기억력이
좋거나 나쁘다는 편견과 같이 처해진 환경에 따라 편차가 다양
하다. 농경사회에서 양자역학은 낚시터에 앉은 성악가의 우렁찬
목청처럼 부질없을 것이다.

두 세대 전의 히틀러는 지금도 악의 화신인데, 우생학의 화신
이기도 했다. 자기 인종의 우월성을 과시하려고 유태인 600만
명을 가스실로 보냈다. 하지만 히틀러는 당시까지 만연했던 서
구의 우생학적 심리를 불식시키는데 한몫을 했다. '골상학' 이라
하여 북부 유럽 백인이 남부 유럽 백인보다 뛰어나고, 백인 여성
은 황색인 남성과, 동양 여성은 흑인 남성과, 흑인 여성은 원시
인 남성과 지능이 비슷하다는 주장을 은근히 과시했지만, 히틀
러의 잔혹함 덕분에 우생학적 사고가 백인들의 뇌리에서 사라지
게 된 것이다.

할리우드 영화에 시선을 빼앗겼는지, 걸핏하면 손바닥을 내밀
며 양어깨를 들썩이던 우리 연예인들이 회색이나 파란색 렌즈를
끼고 텔레비전 광고에 출현한다. 광고 뒷부분에 외국인의 한 마

디가 감초처럼 끼는가 싶더니 영어 문장이 젊은이들이 주로 듣는 가요의 노랫말에 오롯이 들어간다. 정치, 경제, 사회, 문화, 일거수일투족을 서양에 맞추다보니 우리의 문화와 역사는 열등한 것으로 버림받았고, 엄마 말도 제대로 흉내 못하는 젖먹이에게 영어회화를 가르치는 데 열중하는 세태가 되고 말았다. 자본이 눈독들이는 유전체 해독 결과는 어떤 획일화를 선도할까. 획일적인 사고는 곧잘 우생학의 함정에 빠지는데.

인간의 희로애락을 지배하는 약을 개발한 자본은 이제 불치병과 난치병을 해결한다고 광고한다. 불치병과 난치병의 발생원인은 그대로 둔 채 나쁜 유전자를 교환해주겠다고 선언하는 자본은 인간의 희로애락을 그들의 기준으로 재단한다. 인간의 역사와 문화를 다양하게 이끌었던 희로애락은 주어진 기준에 따라 치료해야 할 질병으로 분류해야 한다. 돈벌이를 위해 다이너마이트를 함부로 터뜨리는 자본은 희로애락을 넘어 불치병과 난치병을 해결해준다고 장담하는데, 그들이 주목하는 불치병과 난치병은 무엇일까.

비록 실패했지만 고양이 난자를 빌린 체세포 복제 백두산호랑이는 소나 사자의 자궁에서 태어날 뻔했다. 하지만, 헌법에도 보장된 연구자의 호기심은 실패를 거울삼을 터, 백두산호랑이는 결국 복제되어 동물원으로 들어갈지 모른다. 그런데 이 기술은 인간에게도 적용 가능하다. 인간의 체외수정기술과 유전자 치환기술이 곧 실현될 백두산 호랑이와 같은 이종 대리모 기술과 만나면 인간사회의 미래는 어떤 모습으로 펼쳐질까.

프린스턴 대학의 리 실버 교수는 다가올 2350년 인간은 세대마다 고가의 유전자를 갈아 끼운 '부유유전자' 계층과 그렇지 못한 '보통유전자' 계층으로 나누어질 것으로 예견한다. 건강하고, 오래 살고, 잘 생겼고, 돈 많고, 똑똑할 '부유유전자' 계층은, 사육사가 침팬지에게 애정을 느끼지 않듯이, '보통유전자' 계층과 결혼하지 않을 것이고, 침팬지와 사람 사이에 2세가 태어나지 않듯이 잡종도 불가능할 것으로 점친다.

그런데, '좋은 유전자'로 갈아 끼운 '부유 유전자' 계층은 구제역으로 일제히 넘어지는 가축들처럼 유전적 다양성이 극도로 위축될 것이다. 따라서 환경변화에 매우 취약할 수밖에 없을 것이다. '부유유전자' 계층은 생존을 위해 많은 자원과 에너지를 소비하는 거대한 인큐베이터를 만들어 스스로 그 안에 들어가야 할지 모른다. 여러 벌의 옷과 신발, 정화된 물과 공기, 그리고 냉난방이나 항생제 없이 자신의 건강을 확신할 수 없는 현대인보다 환경 적응능력이 훨씬 취약한 존재로 전락할지 모른다.

자연스러웠던 생태계가 파괴되면서 나타난 유전병은 지구의 자정능력이 무너진 요즘 더욱 많아졌다. 질병 발생의 원인 제거 없이 항생제를 남용하자 모든 항생제에 내성을 갖는 이른바 '슈퍼 박테리아'까지 등장한 마당이다. 유전적 다양성을 스스로 단순화시킬 생명공학은 장차 어떤 인간상을 보전하려 들까. 환경변화는 과거보다 현저히 빨라졌고, 기상이변에 이은 지구온난화는 인간의 과학기술을 천박하다 비웃는데, 생명공학은 어떤 인간 계층의 복지에 우선할까.

과학기술로 자연을 억압한 덕분에 잘 살고 있다고 믿는 인간은 이미 치유할 수 없는 중병에 걸렸는지 모른다. 지구온난화, 기상이변, 돌연변이, 유전병과 같은 경고에 아랑곳하지 않는 인간에게 광우병과 부메랑은 거듭된 경고를 보내건만 '돈의 철학'에 매몰된 인간은 아직도 생명의 가치를 깨닫지 못한다. 지질연대로 현 시대는 홀로세이고, 인간은 이미 공룡만큼 커졌다. 자신의 의지와 관계없는 거대한 운석으로 전멸한 공룡과 달리 '홀로세의 공룡'은 자신의 마지막 환경마저 스스로 괴멸시키고 있는데, 포스트 게놈 시대의 인간은 과연 살아남을 수 있을까.

타이타닉 호가 침몰하는 순간, 1등석의 백인 남성들은 노약자에게 구명선을 양보했다던가. 누가 그렇게 말하나. 타이타닉은 백인 남성이 만들었다. 자신을 위한 구명선이 충분히 확보되지 않았다면 기득권은 결코 너그럽지 않았을 것이다. 흑인에게 직장을 빼앗긴 이후 준동한 KKK단은 통독 후 터키인을 가해한 신나치즘과 다르지 않다. 외국인 노동자들을 무시하는 우리도 마찬가지다. 여유 없는 기득권이 사회적 약자에게 너그럽지 않은 현상은 동서고금을 통해 공통인 모양이다.

'평화'라는 수식어를 감히 붙일 수 없는 권력을 위한 전쟁이 자본의 지휘로 전개되는 세상이다. 분별없는 자본의 탐욕스런 개발로 우리의 생명과 환경이 돌이킬 수 없게 파괴된 지금, 디엔에이 구조에 이어 유전체 해독으로 연결된 21세기의 다이너마이트는 자본과 기득권이 장악하고 있는데, 후손의 생태계와 인류 사회는 온전할 수 있을까. 희생된 생태계는 회복의 기미를 잃고 말았는데, 기득권이 조장하는 획일적 기준을 충족시키기 위해 희생될 사회적 약자들의 생명은 버림받지 않을 수 있을까.

디엔에이 구조라는 다이너마이트보다 유전체 해독 다이너마이트가 더 해롭지 않으려면 우리는 어떻게 각성해야 하나. 디엔에이 연구에 열정을 바쳤던 왓슨은 생명공학의 오용을 경계하고 윤리적 감시를 촉구하는데, 윤리는 자본의 몫이 아니다. 공급자보다 소비자, 생명공학자보다 윤리학자, 현 세대의 자본보다 지속 가능해야 하는 후손과 건강해야 할 그들의 생태계가 기준이어야 한다. 기득권의 규정에 내 몸을 억지로 맞추는 획일성보다 내 문화와 환경에 자연스레 어우러지는 다채로운 삶이 가장 지속 가능하다는 것을 깨달아야 하지 않을까.

위화감을 더해주는 의료과학기술

유전자로 분석해볼 때 차이가 없을 정도로 가까운 일본인인데, 젊은이일수록 우리보다 덧니가 많아 의아한 적이 있었다. 덧니는 유전현상이 아닐 듯한데, 왜 일본의 젊은이들에게 덧니가 많았을까. 그 수수께끼는 막내의 초등학교에서 보낸 가정통신문을 보니 풀렸다.

아파트로 둘러싸인 상가에는 대개 치과의원이 하나 이상 개원하고 있다. 신체검사를 자원하는 지역의 자원봉사 치과의사는 아이들의 상태를 훑어보고, 학교는 정식 진단서를 받아오라는 숙제를 낸다. "댁의 아이에게 충치와 부정교합이 몇 개 있다"고 귀띔한 가정통신문이 요구하는 대로 동네 치과로 아이를 데리고 간 부모들은 의사의 친절한 권위에 종속되고 만다. 동네 치과는 컴퓨터 영상을 동원, 뻐드렁니와 덧니를 교정한 아이가 성년이 된 얼굴을 교정하지 않은 얼굴과 비교하고, 잘 되라는 부모의 성화에 따라 학원과 과외를 전전해야 하는 아이는 그 순간 환자를 빙자한 고객으로 등록된다.

교정기술이 등장하지 않았던 시절, 일본 어린이들은 부드러운 음식을 우리보다 먼저 탐했다. 그러자 턱이 충분히 발달하지 못했고, 유치가 빠진 자리에 올라올 영구치는 제 자리를 찾지 못했다. 교정기술이 찬란해진 요즘, 일본이나 우리나 덧니는 드물다. 교정을 위해 멀쩡한 이 하나 이상을 빼고 불편한 장치로 이빨을 안으로 밀어넣는 시술을 수년 동안 받기 때문이다. 그런데 그 비용이 만만치 않다. 그렇다고 교육당국이나 치과의사협회에서 치료비를 지원하는 것도 아니다. 비만이 그렇듯, 덧니와 뻐드렁니도 어느덧 저소득 계층의 상징이 되었다.

60년대 멜로영화의 마지막 장면, "사랑, 해, 해, 해, 요!" 핏기 하나 없는 얼굴을 듬직한 사내의 가슴에 묻으며 마지막 말을 남기는 애절한 순간, 관객들은 손수건을 찾아 그렁그렁한 눈매를 훔쳐야 했는데, 요즘 그런 영화는 없다. 백혈병 특효약이라는 글리벡이 다국적 제약회사에서 개발한 이후 최루성 영화도 내용을 바꿔야 했다. 하지만 글리벡이 아무 환자나 치료하는 것은 아니다. 지불능력이 우수해야 자격이 생긴다. 그렇다면 요즘 영화는 가련한 이별이나 맥 빠지는 해피엔딩보다 다른 전개가 필요할지 모른다. 어렵사리 사귄 연인을 치료해줄 수 없는 무산계층의 절규와 분노로 관객의 뇌리를 자극하는 편이 평론가의 혹평을 피할 성싶다.

체외에서 난자와 정자를 수정시켜 나 또는 다른 여성의 자궁에 직접 또는 대리로 착상해주는 불임클리닉이 어느덧 보편화되었다. 이제 아이를 낳지 못하는 건 집안에 대한 불효거나 세상에 대한 분노로 이어진다. 불임클리닉이 없을 때 아이 낳지 못한다며 며느리를 쫓아내는 시부모는 영화나 소설처럼 많지 않았다. 친지의 아이를 입양해 대를 잇거나 무자식이 상팔자라며 애 없는 상황을 이해하려 애썼다. 하지만 기술이 등장하면서 사정이 바뀌고 만다. 앞으로 불임클리닉도 소용없는 경우, 어떤 기술이 나타나 불임부부를 유혹할까. '생명윤리 및 안전에 관한 법률'로 일단 금지하고 있지만 생명공학기술은 인간복제의 가능성을 이미 열어놓고 있는데, 만일 숭고한 목적을 빌미로 불임부부에 한해 인간 복제를 허가하는 시절이 온다면? 출산율 저하 시대에 기술을 거부하고 아이를 낳지 않는 부부는 범죄자로 취급될지 모른다.

수혈을 거부하며 기도만 하다 아이 잃은 부모를 검찰은 살인 행위로 기소한 적이 있었다. 발목을 잡으면 안 된다며 생명윤리마저 과학기술의 휘하에 종속시키는 요즘은 이미 실용주의가 지배하는데, 출산율을 끌어올리려는 당국은 어떤 제도를 궁리하고 싶을까. 생명공학으로 장기를 쉽게 이식하는 시절이 곧 온다는데, 그때 형법은 어떻게 변할까. 윤리마저 독점한 과학기술은 돈과 권위에 충성하는데.

연구개발에 많은 비용이 들어가는 만큼, 과학기술 산물의 단가는 초기 높게 책정할 수밖에 없다고 관련 자본은 주장한다. 하지만 그렇다 해도 정도가 지나치다. 원가 900원 정도인 글리벡은 2만 원 이상을 받아야 한다고 주장하지 않던가. 엄청난 투자비를 변명하지만 충분히 환수한 이후에도 가격은 스스로 떨어지지 않는다. 그런 반론을 민중들이 펴면, 적절한 이윤이 보장되어야 과학자들의 연구 동기가 유인되고 자본이 축적되어야 새로운 과학기술 연구에 투자할 여력이 발생한다고 자본은 당위성을 늘어놓는다. 과연 그럴까. 그렇다면 독점일 때 높던 단가가 경쟁체제에서 추락하는 이유는 무엇일까. 불치병과 난치병 환자를 위한다며 표정 관리하던 다국적 제약회사였건만, 값을 내리느니 차라리 판매를 중단하겠다며 환자들을 협박한다. 그 태도는 무엇을 웅변할까.

자본이 치료제를 생산하여 혜택을 과대 광고하는 현실이 극복되지 않는다면 환자는 줄어들지 않고 위화감은 극복 불가능하다. 환자는 누가 양산하는가. 오염되고 불안전한 환경이 환자를 만들어내지만 자본은 환자를 양산한다. 발생 원인을 제거하는 노력을 사회나 국가가 외면하며 효능만 광고하면서 질병을 우습게 여기는 풍토가 만연되기 때문이다. 환자, 즉 소비자를 소외하며 생산자가 주도하는 의료과학기술은 일차적으로 돈벌이에 충실할 수밖에 없고 혜택에 차별이 생기니 계층 간 위화감을 부추길 수밖에 없다. 아랫목부터 따뜻해져야 차차 윗목에 훈기가 가는 법이라는 유산계층의 설득은 전혀 위안이 되지 못한다. 한꺼번에 따뜻해지도록 구들을 놓을 줄 알아야 상목수가 아니던가.

소설 『시빌 액션』에는 공장 폐수로 오염된 우물 때문에 백혈병에 걸린 아이가 죽어가는 모습이 나온다. 파란 하늘을 우러르며 "아무 잘못도 하지 않았는데 내가 왜 죽어야 하는가!" 절규하다 엄마 품에서 숨을 거둔다. 자본이 살찌우는 최첨단 치료는 위화감을 절대 치료하지 못한다. 의료과학기술의 개발보다 다음 세대까지 생각하는 예방이 선행되어야 한다. 질병 원인이 최대한 제거된 건강한 환경에서 건강한 정신과 몸으로 이웃과 건강한 삶을 살아간다면 환자는 크게 줄어들 것이다. 의료계의 파업이 환자의 수를 크게 줄인 역설을 생각해보자. '병원이 병을 만든다'는 이반 일리치의 언설을 우리는 직시해야 한다.

후손을 존중하는 생명과학

순수학문 연구를 명예롭게 생각하는 교수는 취업 준비로 학과공부에 충실하지 못한 학생들에게 "돈 벌려거든 은행을 털라!"고 말해 원성을 사곤 했다. 순수와 응용의 경계가 모호한 요즘 이야기는 아니다. 상아탑이라던 대학이 '벤처기업 양성소'로 화려하게 변신한 오늘, 진리 탐구만 고집하는 교수는 아마 퇴출대상일지 모른다. 교육부가 교육인적자원부로 간판을 바꾸어 단 의도를 적극적으로 수용하는 대학들은 돈이 안 되는 문학과 역사와 철학과 같은 인문학 분야를 과감히 정리했고, 고시촌을 방불케 하는 캠퍼스에 익숙한 학부제 학생들은 영악하게도 취업과 높은 월급이 보장되는 학과로 머리 터지게 몰린다.

세계적으로 한해 수백 명의 우수 인적자원들이 생명현상을 잘 이해하는 박사학위를 받고 사회로 몰려나온다. 그들은 생태계가 파괴되어 교란되는 생명현상을 안타깝게 바라보지 않는다. 그렇게 훈육되지 않았다. 그들은 생명현상을 돈벌이에 응용할 따름이다. 똑똑한 신예 전문가들이 돈이 된다고 주장하니 국가와 기업에서 지불하는 연구비도 유래가 없을 정도로 늘어난다. 늘어나는 연구비를 탐하는 연구자들은 "큰돈을 벌어들일 연구"라는 점을 다시 화답한다. 이렇게 양의 되물림현상은 가속된다.

돈을 향해 도열하는 세계적 추이에서 공리주의는 세속사회 윤리의 지존이 되었다. 인문학이 실종된 풍토에서 칸트의 절대윤리는 고리타분하다. 호기심의 영역이던 '과학'과 손재주의 상징인 '기술'은 '과학기술'로 돈과 권력을 위해 의기투합하며, 허울뿐이었던 '가치중립'마저 용도폐기했다. 한때 권력에 매달렸던 과학기술은 자본의 전횡이 국가의 권위를 압도하는 요즘, 돈 앞에 납작 엎드렸다. 공리주의로 자신의 행위를 합리화하며, 생명보다 '돈줄'의 부가가치에 초점을 맞추며, "윤리도 과학기술 발전에 따라 변하는 법"이라고 감히 주장한다. 간혹 부작용들이 돌출하지만, "좋은 일이 더 많다" "나중에 문제가 발생하면 그때 더 찬란해질 과학기술이 잘 해결해줄 것"이라며 과학자답지 않게 근거 없이 확신한다. 소비자인 시민들은 그저 '던져주는 떡'이나 먹으라며 교만해한다.

우리나라는 유전자 조작 농산물과 그 농산물을 재료로 가공한 식품을 표시하게 돼 있는 몇 안 되는 국가 중의 하나다. 이른바 'GMO 표시제'다. 소비자가 확인하고 구입할 수 있도록 표시를 의무화하고 있지만, 세계적으로 생산되는 50여 종의 유전자 조작 농산물 중 오직 콩과 옥수수와 감자, 세 가지만 대상으로 하고, 식품 역시 세 가지 농산물을 가공한 유전자 조작 식품에 한

정한다. 게다가 가공식품의 경우 예외조항이 수두룩해 유명무실에 가깝다. 그런데, 수확과 운송과정에서 유전자 조작 농산물이 정상 농산물과 비의도적으로 섞일 가능성이 있다고 국제곡물상은 주장한다. 그래서 우리 정부는 비의도적으로 3퍼센트 이하 섞여 있을 경우에는 정상으로 양해하도록 국제곡물상을 배려했다. 이 수치는 일본의 5퍼센트보다 낮다고 생색내지만, 1퍼센트 이하를 신중히 고려하는 일본은 모든 농산물이 표시대상이라는 점은 알리지 않는다.

현재 1퍼센트지만 모든 농산물을 0.1퍼센트로 낮추려하는 유럽의 분위기도 물론 침묵한다. 1퍼센트 이하로 낮추라는 시민단체의 요구를 무시하는 우리 정부가 5퍼센트로 높이라는 미국의 압력에 전전긍긍할 따름이다. 그런데 문제는 유전자 조작 농산물이 전혀 들어가지 않았다고 알려주는 이른바 'non-GMO' 표시가 거의 불가능한 제도라는 점이다.

제도가 미비해 복제인간도 규제할 수 없었던 우리는 보건복지부의 주도로 '생명윤리 및 안전에 관한 법률'을 제정했다. 인간복제를 위한 배아를 자궁에 착상하지 못하게 규제하고 있지만 '윤리'를 이야기하는 법답지 않게 배아복제를 허용하고, 어이없게도 동물난자에 사람의 체세포 핵을 이식할 수 있는 엽기적인 연구를 세계 최초로 허용하고 있다. 생명윤리와 안전에 관한 사항을 심의하는 '국가생명윤리심의위원회'를 대통령 실에 두고 생명윤리와 인문사회 전공자를 포진시킨 것은 인정할 만하지만 이권 이외의 관계가 없는 일곱 개 부처 장관이 참여하도록 규정한 조항은 법의 의도를 수상하게 한다. 인원 구성으로 볼 때 생명윤리를 강조해온 시민단체나 종교계의 목소리가 충분히 반영될 통로가 터무니없이 좁다. 무엇보다 생명윤리와 안전에 대한 규제를 육성을 전제로 제정한 기존 '생명공학육성법'에 우선 위탁하도록 규정하고 있어 생명공학에 의한 윤리와 안전을 제대로 담보하려는지 한심스럽다.

GMO 표시제도가 이처럼 유명무실하고, '생명윤리 및 안전에 관한 법률'에 윤리와 안전이 실종된 이유가 무엇일까. 시민보다 자본을 먼저 배려하고, 윤리와 안전보다 과학기술의 육성에 놓인 무게중심을 유지하려다보니 제도 성격에 맞는 핵심을 의도적으로 희석시킨 것이 아닐까. 시민단체의 끊임없는 요구로 정비한 GMO 표시제의 안을 논의할 때, 농산물을 관장하는 농림부와 식품을 담당하는 식품의약품안전청의 자세는 어떠했던가.

정부의 입김에서 자유롭지 못한 기업과 기관장과 연구자들을 관련위원회에 대거 포진시킨 가운데 반대하는 시민단체의 소수의견을 짓밟고 다수결로 원안을 가결하는 야만을 주도하지 않았던가. 생명윤리 관련 법률안을 논의할 적마다 비윤리적 연구로 지탄받는 생명공학자의 입김을 집요하게 허용한 과학기술부와 보건복지부는 시민의 눈높이를 염두에 두고 있을까.

GMO 표시 실태를 단속하는 자리에 관변단체를 대동하는 정부는 유전자 조작에 문제의식을 갖고 있지 못하다. 표시제를 운용하기에 앞서 유전자 조작의 이점을 홍보하기에 여념이 없는 식품의약품안전청의 태도도 어처구니없지만 유전자 조작 농산물을 개발하는 산하 농업과학기술원에 거액의 연구비를 제공하는 농림부도 마찬가지다. 업무가 개발 지향인 과학기술부와 산업자원부처럼 보건복지부도 배아복제를 부추기는 비윤리적 연구에 거액을 붓는다. 전부 세금이다. 이런 태도로 입안하는 법률이 과연 시민의 생명윤리와 안전을 도모할 수 있을까.

밥을 나누던 '농사'가 돈벌이를 위한 '농업'으로 바뀌면서 농업은 산업과 동일시되었다. 비교우위 산업은 비교우위 농업을 당연시하지만 사농공상의 두 번째 서열이었던 농은 공업과 상업에 완벽하게 종속되고 말았다. 돈벌이 격차가 현저하기 때문이다. 공업입국을 위해 향도이촌(向都移村)을 부추기며 농산물의 가격을 철두철미하게 통제해왔던 역대 개발독재정권들은 공업제품 수출로 번 돈으로 밥 사먹으면 된다고 강조해왔다. 휴대용 전화기 수출을 위해 중국산 양파를 대거 수입하는 농업정책은 무얼 웅변하는가. 멕시코 칸쿤의 농민집회에서 우리 농부가 자결해도 눈 하나 깜짝하지 않는 정부와 기득권 언론들이 십 수 억 달러짜리 칠레의 공사수주에 참여 못한 책임을 농민들에게 돌리는 작태는 무얼 선언하는가.

GMO 표시제를 처음부터 탐탁하게 생각하지 않았던 정부는 통상마찰 운운하다가 끈질긴 시민운동에 마지못해 '알 권리'를 내세우며 제도 마련에 나섰지만, 정작 시민들은 '안 먹을 권리'를 요구했다. 산업 육성을 주도하는 산업자원부에서 '유전자변형생물체의 국가간 이동 등에 관한 법률'의 제정을 주도한 저의는 무엇인가. 다른 나라의 선례를 무시하며 힘으로 환경부를 소외시킨 가운데 예의 그 '통상마찰' 운운했던 산업자원부는 유전자 조작의 안전성보다 유전자 조작 농산물의 무역 업무를 독점하려는 의도가 아닐까. 시민들의 생명보다 돈을 위한 통상이 더 중요한 실리주의 시대상을 반영하는 것이리라.

"윤리도 과학기술이 선도하는 것이므로 윤리가 과학기술의 발목을 잡지마라!"는 생명공학은 수정 후 14일 이전의 배아는 단순한 세포덩어리로 규정한다. 윤리 통제를 받아본 경험이 없는 우리 과학기술은 낙태와 제왕절개와 분유수유와 불임클리닉을 확대재생산했다. 건강을 위협하는 임신으로부터 산모를 보호하는 낙태와 제왕절개는 제한적으로 이용해야 할 기술이지 돈벌이의 영역일 수 없건만, 태어나는 아이의 두 배 가까이 낙태되고 제왕절개가 자연분만 비율을 압도한다. 모유수유가 10퍼센트에 못 미치고, 인구 당 불임클리닉의 비율이 세계 최고인 까닭은 돈벌이와 무관할까. 우리나라 여성들의 출산과 수유 능력이 다른 나라에 비해 특히 열등하다는 과학적 통계를 확보한 걸까.

태어난 생명을 위해 배아의 생명을 희생시켜도 무방하다는 공리주의 해석은 여성의 몸과 난자에 이어 착상 이전의 수정란과 수정 후 14일 이전 배아 생명을 실험재료로 대상화한다. 더욱 찬란해질 과학기술이 치료 명분을 달고 태아 생명까지 요구한다면 과학기술과 손잡은 공리주의는 어떤 해석으로 자본에 화답할까. 두렵기만 하다.

어떤 과학기술자는 "과학기술과 윤리는 조화로워야 한다!"고 주장하는데, 아니다. 그 과학기술자가 염두에 두는 윤리가 어떤 윤리인가를 따져보아야 하겠지만, 자동차의 가속능력보다 제어장치가 훌륭해야 하듯, "윤리는 과학기술의 기반"이어야 옳다. 생명공학은 생명을 직접 다루는 과학기술이다. 따라서 생명공학은 생명윤리의 토대 위에서 연구해야 하고, 생명윤리는 자본과 생명공학자의 의지에 좌지우지되는 공리주의보다 생명윤리학자의 사려 깊은 고뇌와 논의를 발판으로 사회적으로 정의하여 실천되어야 한다. 이를 위한 시민사회의 역할은 매우 중요하다. 생명공학이 사회적 성찰을 이해하고 그에 맞게 행동할 때까지 과학적 성찰을 바탕으로 시민사회가 과학기술을 절대윤리의 기반으로 견인해야 하기 때문이다. 시민참여로 생명공학의 비윤리성을 통제해야 한다는 뜻이다.

밥은 생명이다. 시민의 생명이 존중되어야 한다면 이 땅의 밥을 건강하게 확보해야 한다. "한 나라의 진정한 독립은 식량자급에서 온다"고 주장한 프랑스 드골 대통령의 언설은 프랑스에 국한하는 게 아니다. 동서고금을 관통하는 만고의 진리다. 식량자급률이 25퍼센트에 불과한 우리는 농약에 절은 채소와 곡물을 내 돈 내고 수입하면서도 곡물상에 머리를 조아려야 한다. 돈보다 힘이 없기 때문이다. 굶지 않으려면 유전자 조작 농산물을 수입하라고 미국은 아프리카 빈국에 협박을 가하고 있지만 아프리카 국가들은 한사코 거부하고 있다. 미국의 압력을 받자 유전자 조작 농산물의 비의도적 혼입률을 오히려 강화한 크로아티아와 같은 국가들도 있다. 유럽은 강력한 소비자 운동으로 시장에 유전자 조작 식품이 사라졌다. 한결같이 시민들의 힘이 사회를 움직였기 때문이다.

많은 국가의 시민들이 유전자 조작 농산물을 거부하는 이유는 단 하나, 안전하지 않기 때문이다. 현재 별 문제가 드러나지 않아도 광범위하게 소비한 이후 문제가 만에 하나 드러날 경우, 건잡을 수 없는 생명 파괴 현상을 피할 수 없기 때문이다. 그렇다면 유전자 조작이든 생명복제든, 생명공학은 자본이 아니라 반드시 건강해야 할 후손의 생명을 염두에 두어야 한다. 생명윤리나 생명안전의 존재이유가 다 거기에 있다. 그런데 자본과 생명공학은 생명윤리와 생명안전을 스스로 생각하지 못한다. 정부도 시민의 요구가 없다면 먼저 움직이지 않는다. 시민운동이 시민 눈높이에 맞는 방향으로 끌어갈 수 있다.

자식을 위해 어떤 일도 마다하지 않을 준비가 되어 있는 시민이라면, 제 논리에 따라 마구 질주하는 생명공학에 멍에를 매고 그 끈을 단단히 잡아야 한다. 바로 '시민참여'다. 우리는 돈이 아니라 밥을 먹어야 생존이 가능한 생태계 속의 생명이기 때문이다.

농민의 눈높이에서 살핀 지엠오

"당해보지 않으면 모른다!" 일년 농사 기껏 애썼는데 추수 직전에 병이 돌아 전부 못쓰게 되었을 때, 상실감의 크기를 묻는 기자 앞에 되뇌는 농부들의 억장 무너지는 소리가 대개 그렇다. 그런 농부들의 애타는 마음을 고려했던가. 최근 탄저병 걸리지 않는 고추와 냉해 입지 않는 감자와 고구마를 개발했다는 보도가 나왔다. 보도 내용 뒤에 약방의 감초처럼 들러붙는 이야기, 농민들의 소득이 얼마만큼 늘어날 것이라며 개발자의 말을 빌려 광고하듯 예측한다.

그런데 왜 요즘, 농사가 잘 되면 똥값 되고 못 되면 쪽박 차는지 도무지 설명이 없다. 종자기업에서 구입하는 고소득 종묘나 씨앗은 어떤 방식으로 생산해 판매하는지 아무도 이야기해주지 않는다. 바람이나 벌레가 꽃가루를 수정시켜 맺는 얼마 전까지 농가에 일반적이었던 전래 씨앗은 그러지 않았는데, 종묘상에 가서 사온 씨앗의 생산량은 왜 '모 아니면 도'인지 시원스레 설명해주지 않는다. 탄저병이 돈다고 모든 고추가 다 망가지지 않았는데 요즘 고추는 왜 그 모양일까.

한 여름에 편성한 텔레비전 방송을 보니 어떤 삼계탕 식당은 가마솥에 백 마리가 넘는 닭을 넣고, 작은 닭들은 모두 같은 크기의 뚝배기로 들어갔다 일제히 손님상에 올라온다. 닭에 뚝배기를 맞추는 게 아니다. 뚝배기 크기에 닭을 맞췄다. 과학축산은 용도별로 닭을 획일화시켰다. 평당 몇 마리를 계사에 넣고 온도를 어떻게 맞춰 어떤 사료를 어느 정도 주면 며칠 만에 같은 크기로 출하할 수 있는 삼계탕 병아리를 품종개량해서 축산농가에 판다. 그런 병아리들은 돌림병은 물론 축사 비닐이 바람에 찢겨 비바람이 들이치는 사고로도 몰살될 수 있다. 예측 가능한 생육을 위해 닭의 유전적 다양성을 위축시켰기 때문이다. 어디 닭뿐이랴. 농산이든 축산이든 과학농업은 첨단으로 갈수록 유전적 다양성과 거리가 멀다.

종자기업에서 시키는 대로 잘 관리하면 소출이 증가한다는 씨앗, 그래서 '고소득'을 보장한다고 광고하는 그런 씨앗들의 유전자 다양성은 아주 단순하다. 그래서 환경변화에 매우 취약하고 병이 돌면 직격탄을 맞을 수밖에 없다. 온 동네가 같은 씨앗을 뿌리니 잘 되면 마을의 고추가 똥값이요, 안 되면 마을의 농협빚이 한꺼번에 증가한다.

더구나 요즘은 종자기업이 외국계 서너 군데로 편중된 마당이다. 이제 농작물이 똥값이거나 아예 망치는 일이 마을에서 고을로, 고을에서 국가 전체로 확장되었다. 배추가 잘 되자 배추째 밭을 갈아야 하는 이유도 마찬가지다. 물론 중국에서 헐값으로 수입하는 장사치들도 농민의 아픔을 증폭시키지만.

탄저병 걸리지 않는 고추, 냉해 입지 않는 감자와 고구마는 유전자 조작, 즉 의식있는 소비자들이 한사코 외면하려고 하는 지엠오라는 사실을 종자회사는 농민들에게 주의 깊게 알리지 않을 것이다. 그저 특정 질병에 걸리지 않으므로 소출이 늘어날 것이라 광고할 것이다. 하지만 어떨까. 특정 질병에 강하게 유전자를 조작했더라도 유전자가 단순한 까닭에 변화된 환경과 다른 질병에 취약할 수밖에 없는데 환경변화는 예측하기 어렵지 않은가. 과감한 투자로 환경변화를 통제할 수 있는 시설을 갖추지 않는다면 농부들은 대비하기 어렵다. 온실이나 비닐하우스를 설치하면 농협빚은 감당하기 버겁다.

온갖 미사여구로 농민을 현혹시킬 유전자 조작 벼를 연구해놓은 과학기술자 집단이 있다. 종자기업과 산학협동할 관련 과학기술자들이 농민들에게 판매할 기회를 호시탐탐 노리는 가운데, 미국 농민들은 다국적 기업이 개발한 유전자 조작 밀 종자를 파종하지 않겠다는 의지를 천명했다.

소비자들이 외면할 것이 명백하기 때문이다. 유전자 조작 농산물을 부식으로 먹는 것도 께름칙한 마당에 주곡마저 받아들일 소비자는 없을 게 아닌가. 미국 당국은 자국의 이익을 위해 미국산 유전자 조작 농산물을 수입하라고 식량이 모자라는 아프리카 국가들에 압력을 가하는 모양이지만, 아프리카도 거부하고 있다고 한다. 유럽시장, 우리나라를 포함한 아시아 시장도 거부할 것이 뻔하다. 의식 있는 세계 소비자들은 유전자 조작 농산물을 먹지 않겠다고 선언한 지 이미 오래다.

1998년 11월 인도 농민들은 크게 분노했다. 새로운 면화를 무료로 제공하겠다던 다국적 종자기업인 몬산토를 믿었던 게 실수였다. 바구미를 죽이게 유전자를 조작한 면화는 인도로 넘어오자 바구미가 들끓고 성장도 더뎠던 것이다. 몬산토의 감언이설에 속아 유전자 조작 사실을 알지 못했던 인도 농민 약 1000만 명은 집회를 열고 문제의 면화를 불태웠고, 인도 법원은 "몬산토는 인도를 떠나라!"는 명령을 내렸는데, 그건 몬산토의 특정 면화 종자에 국한하는 사례가 아니다.

입만 열면 굶주리는 제3세계를 위하는 것처럼 주장하면서 실제로 증산을 위한 종자를 개발해 보급한 적이 없는 다국적기업의 일반적인 사례가 그렇다. 자기 회사에서 독점 판매하는 종자는 그 기업의 수입을 늘일 따름이다. 감언이설에 속아 유전자 조작 종자를 파종한 농부는 종자회사에 쉽게 종속된다. 다국적기업의 단일품종이 지역과 국가의 경계를 넘으면 세계 농민과 소비자는 몇 개 회사에 목숨 걸어야 한다.

시민단체 앞에서 유전자 조작을 인류복지라고 주장했던 생명공학연구원의 한 연구원은 파란색 장미를 개발하는데 열성이라고 한다. 파란색 장미가 인류복지일까. 성공하면 큰 부가가치를 올린다는데, 결국 돈벌이가 목적 아니던가. 탄저병 걸리지 않는 고추도 마찬가지다. 농부나 소비자가 아니라 종자회사의 이익에 충성한다. 냉해입지 않는다는 감자나 고구마도 성격이 같다. 농부를 위해 노심초사한 종자일 리 없다. 그래서 그런가. 누군가 말한다. 농부는 망해도 종자회사와 농대교수들은 살찐다고.

탄저병이 돈다고 모든 고추가 죽지 않는다. 살아남은 고추끼리 가루수분하면 탄저병에 이길 종자를 농부들도 찾아낼 수 있다. 조류독감이 돌 때 죽어 널브러진 사체 더미 사이를 경중경중 뛰던 병아리를 활용했다면 조류독감에 이길 병아리를 찾아낼 수 있었다. 하지만 종자나 병아리를 기업체에 의존하는 한, 농가는 피해에서 영원히 자유롭지 못하다. 전문가를 동원하는 종자회사는 어려운 용어를 늘어놓으면서 경작법을 지키지 않았으므로 피해보상이 어렵다는 주장만 내세울 것이다.

기업은 돈을 우선 목적으로 한다. 광고를 동원해 소비자들을 현혹한다. 자본이 주인인 사회에서 탓하기 어렵다. 그렇다면 소비자들은 냉정해야 하는데, 종자기업의 소비자는 세상물정에 어두운 농민들이다. 새로 개발한 '돈 벌게 해주는 종자'라며 인자한 표정지으며 유혹할 때 농부들은 긴장해야 하는데 걱정이다. 요즘 같아선 십중팔구 유전자 조작이므로 더욱 그렇다. 그런데 특이하게도, 우리나라는 정부 연구소에서 유전자 조작 종자를 연구한다. 그래서 걱정이 크다. 농협빚 탕감과 연계할까 두렵기 때문이다.

정부와 종자기업은 허무맹랑한 속삭임으로 농협빚에 짓눌린 순진한 농민들을 사지로 몰아가지 않기를 바란다. 내일까지 생각하는 인류복지를 위한다면 정부는 종자주권이 농민에게 돌아갈 수 있도록 노력해야 한다. 다국적 종자기업의 논리에 맞춰 더는 춤추지 말고 유기농산물을 도농 직거래운동으로 풀어갈 수 있도록 농민과 소비자들과 함께 열린 정책을 마련해야 한다. 대안은 분명하다. 제철 제고장 농산물로 자급자족하는 일이다.

종자든 병아리나 송아지든, 생명체는 제 땅과 오랫동안 어울린 것이어야 건강하다. 유전적 다양성이 많아 환경변화에 강하다. 농업도 축산업도 마찬가지고 농부도 그렇다. 종자회사에서 첨단을 강조할수록 위태롭다. 땅을 무시하는 까닭이다. 국가의 진정한 독립은 식량자급이고 시민과 후손의 건강은 건강한 먹을거리와 건강한 땅에 달려있는데, 최첨단 농작물에 익숙한 우리 생산자와 소비자들에게 질병이 많은 이유는 무엇일까.

지엠오 반대, 시민이 나서야 한다

어쩌다 보면, 정부 위원회의 위원이 되기도 하는가 보다. 정부가 주관하는 위원회들이 대개 그렇듯이, 한번에 기억하기 어려울 정도로 명칭이 긴 농림부의 '농산물 품질관리 심의회' 부속 '원산지 및 유전자 변형 농산물 표시 분과위원회(이하 표시위원회)'에 시민단체의 대표 자격으로 말석 하나를 차지하게 된 것인데, 난생 처음 참석한 정부 위원회에서 짧은 기간이나마 좌충우돌해야 했던 그리 유쾌하지 않은 무용담을 공개하고자 한다. 회의석상에서 고관대작과 기죽지 않고 벌인 논쟁 공과를 감춰두기 아쉬워서가 아니다. 시민의 감시가 미치지 못하는 위원회의 난맥상과 그 처참한 결과를 독자들과 공유하고 싶었기 때문이다.

기존의 원산지 표시 관련 위원에 유전자 조작 농산물 표시 관련 위원을 새로 추가한 까닭에 명칭만큼이나 참여 위원의 수가 많은 표시위원회의 의제는 상대적으로 단순한 편이었다. 법률에 의거 반드시 기재하게 돼 있는 농산물의 원산지와 유전자 조작 여부 표시를 어떻게 시행할 것인가 결정하기 위한 표시위원회는 농림부 차관을 위원장으로 담당 국장과 과장을 포함한 유관 기관 공무원과 기업 관계자, 그리고 대학교수 약간 명을 포진시킨 30명에 거리 또는 매스컴에 나와 가시 같은 말을 토해냈던 시민단체에서 2명을 면피용으로 배치했던 것이다.

그렇다면, 농림부는 소비자를 위하는 마음으로 농산물의 원산지와 유전자 조작 여부를 능동적으로 표시하려는 것일까. 표시위원회에 민간 자격으로 한 명 참여하고 있는 '소비자 문제를 연구하는 시민모임'은 국적불명의 수입 농산물 문제로 사회적 파장이 발생할 때마다 원산지 표시의 필요성을 강도 높게 주장했던 시민단체였다는 점을 상기하지 않더라도, 정부의 의지가 표시제도를 이끌었을 리 만무하다. 원산지 표시제도의 시행 동기는 확신할 수 없지만, 적어도 유전자 조작 농산물 표시제도는 분명히 정부의 의지와 멀었다. 시민단체와 언론의 목소리를 반영한 국회의원들의 압력으로 마지못해 움직인 것이다.

1994년 세계 최초로 유전자가 조작된 농산물인 토마토가 시장에 첫선을 보이자 1996년이래 유럽을 중심으로 강력하게 전개된 유전자 조작 식품 반대운동은 결국 유럽 대부분의 나라에서 표시제도를 완비하게 이끌었듯, 1998년부터 거리에 나와 집회와 시위를 불사한 우리도 유전자 조작 농산물의 표시제도를 시민운동의 성과로 끌어내게 된 것인데, 그 공과를 인정하지 않을 수 없었는지 표시위원회를 주관하는 농림부는 집회 대부분을 주도한 '생명안전·윤리 연대모임'의 사무국장인 나를 그 위원회의 위원으로 끼워 넣었던 모양이다.

시간이 얼마 남지 않아 결정을 위한 위원회를 긴급 소집하겠
다는 팩스를 받은 게 2000년 10월로 기억한다. 전공과 달리 불특
정 학과에서 모든 학년 학생들이 수강하는 교양과목은 최소 일
주일 전이 아니면 휴강 예고가 불가능한데, 참여 위원들의 시간
을 사전에 조정하지도 않고 겨우 이틀 전에 날아온 팩스는 자신
들이 제안한 안건을 일사천리로 통과하는데 장애가 될 위원은
참석하지 않기를 바라는 농림부의 의중으로 보였다. 사태의 심
각성을 미루어, 시간강사 주제를 망각하고 담당 조교에게 전화
를 걸었다. 강의실 칠판에 학생들의 양해를 구하는 글귀를 남겨
달라고.

유전자 조작을 두둔하는 원로 생명공학자를 위원장으로 선출
하고 덕담 나누다 악수하며 헤어진 첫 회의를 마치고 무려 4개월
동안 농림부는 단 한 차례의 회의도 소집하지 않았다. 물론 위원
회 소집 권한을 가진 위원장도 마찬가지였다. 의견이 첨예한 만
큼 충분한 논의가 필요한 것이거늘, 회의 일정을 물을 때마다 준
비가 부족해 좀 기다려달라며 딴청부리더니 이제 와서 시간이
없다고? 4개월 동안 서너 차례 이상 만나 의견을 진작 나누었다
면 위원들이 가지고 있는 여러 주장들을 어느 정도는 서로 이해
하고 대안을 찾아볼 수 있었을 텐데, 합의 가능한 부분도 꽤 있
었을 텐데, 겨우 한 시간 만나 명함 교환하고 헤어진 위원들의
얼굴마저 까맣게 잊을 만큼 허송세월 한 후 안건 결정이라니, 이
무슨 터무니없는 일방적인 통보인가. 정부가 운용하는 위원회는
다 이러나.

'비의도적 혼입률'이라는 게 있다. 고의가 아니라면 일반 농산물에 유전자 조작 농산물이 섞여도 어느 정도 이하이면 양해하겠다는 기준으로, 재배에서 수확, 운송, 하역 과정에 이르기까지, 완벽하게 분리하기 어렵다는 수출업자의 애로사항을 반영한 새로운 개념이다. 유럽은 그 비의도적 혼입률 허용치가 현재 1퍼센트인데 반해 5퍼센트로 정한 일본은 비교적 느슨하다. 고작 두 명에 불과한 시민단체 자격의 위원은 현재 수입되고 있는 모든 농산물은 물론 우리나라를 포함한 세계 각 국에서 연구 중인 모든 유전자 조작 농산물을 표시 대상에 넣어야 하고, 비의도적 혼입률은 최소한 유럽과 같이 1퍼센트로 정할 것을 주장했으나, 농림부가 결정하자고 황급히 제안한 안건은 시민단체의 주장과 거리가 매우 멀었다. 콩과 옥수수에 한해 표시하며 비의도적 혼입률을 5퍼센트로 완화하겠다는 거였다.

국제적으로 통용되는 GMO(genetically modified organism), 즉 유전자 조작 농산물이라는 용어 대신 굳이 '유전자 변형 농산물'을 고집하는 농림부는 수입되는 유전자 조작 농산물의 대부분인 콩과 옥수수부터 표시하고 나머지는 차차 확대하자, 규정 위반을 확인할 수 있는 과학적 검증 기술이 미비한 까닭에 우선 5퍼센트로 정하고 기술 발전에 따라 점차 강화하자 주장하여 일면 일리가 있는 듯 보였다. 하지만, 우리와 사정이 비슷한 유럽은 1퍼센트를 0.1퍼센트로 엄격하게 낮추려 하고 일본 역시 1퍼센트 이하를 고민하고 있으며 두 지역 모두 모든 농산물을 표시 대상으로 한다는 점은 애써 외면하고 있었다. 더구나, 내 돈 내고 내가 사는 까닭에 유전자 조작 농산물을 제외하라고 수출국에 당당히 요구할 수 있어야 하고, 대부분의 수입국처럼 약속을 제대로 준수하는지 파종에서 하역까지 전 과정을 감시하는 이른바 '사회적 검증 요원' 을 파견할 수 있어야 한다. 그런데, 어찌된 영문인지 외교통산부도 아닌 농림부가 통상마찰 운운하는 게 아닌가.

유전자 조작 농산물에 불안감을 가지고 있는 시민들은 안전보다 안심을 요구한다. 당시의 과학적 검증 기술은 콩의 경우 0.1퍼센트 이하도 찾아낼 수 있는 기술을 벌써부터 확보하고 있었지만 이 사실을 한사코 외면하는 정부는 나중에 강화하겠다고 생색냈다. 시민단체에서 참여한 두 명의 위원을 제외하고 나머지 위원들은 대부분 농림부의 의견을 외면할 위치에 있지 못한 정부기관이나 기업에서 파견했다. 유전자 조작 농산물이 안전하다는 신조를 가진 위원장은 물론 농림부와 관련 산하 기관에서 제공하는 연구비를 수여하는 대학교수 역시 농림부의 주장을 대놓고 반대할 처지는 되지 않아 보였다. 그런 분위기를 반영했을까. 회의장 사정으로 두 시간 만에 의결하자는 담당과장의 부탁에 순응한 위원장은 시민단체의 극렬한 반대 표명에도 불구하고 토론도 생략한 채 표결을 강행했다. 결과는 농림부에서 볼 때 더없이 만족스러웠을 것이다.

민주적인 위원회라면 위원 선정 과정이 공정 투명해야 하고 논의가 충분해야 하며 결과를 누구나 납득할 수 있도록 절차의 정당성이 보장되어야 했으나 표시위원회는 전혀 그렇지 못했다. 농림부가 원하는 요식절차에 충실하게 임했을 뿐 과정이나 결과나 전혀 민주적이지 않았다. 이럴 때 시민단체가 선택할 수 있는 카드는 그리 많이 남아 있지 않다. 다시 거리에 나와 부당성을 규탄하는 집회나 시위에 돌입하고 언론에 강력한 비난 성명서를 발표하며 경우에 따라서 시민 서명운동을 통해 압력을 가한다거나 국회나 상급 기관에 청원서를 제출하는 행동에 돌입하는 일이다. 한결같이 피곤한 작업이 아닐 수 없다.

성명서부터 발표하고 후속 행동을 고민하던 차에 한 통의 전화가 왔다. 결재를 위해 찾아온 담당과장에게 불같은 화를 내며 다수결로 가결시킨 표시위원회 의안을 되돌리기로 했다는 당시 김성훈 농림부장관이었다. 민주화 운동에 참여하며 고초도 많이 당했다는 과거사를 들려주는 장관은 자신을 시민단체에서 파견한 간사로 생각하고 장관실 직통 팩스로 시민단체의 의견을 보내달라는 게 아닌가. 반신반의하는 마음으로 팩스를 보내고 며칠이 지났을까, 담당과장이 전화를 해서 담당국장이 만나고 싶어한단다. 비공개적으로 설득 또는 협조를 구하려는 정부 고위 관료의 권위적 처사를 납득하기 어려웠지만, 행정 절차를 마친 상태라서 일단 만나기로 했다. 장관 전화 내용의 진위를 확인하고 싶기도 했다.

월급보다 판공비가 많다는 고위 공직자가 사는 밥은 뭐가 달라도 달랐다. 얼마짜리인지 묻지 않았어도 보통 사람은 감히 엄두도 못 낼 점심상이라는 걸 한눈에 알 수 있었다. 장관에게 혼

난 이야기, 앞으로 시민단체와 사전에 협의하겠다는 의례적 이
야기를 귓전에 흘리느라 시간이 얼마 지나자, 비의도적 혼입률
을 유럽과 일본의 중간인 3퍼센트로 타협하자는 제안을 들고 온
다. 그러면서, 표시위원회의 결정 사항을 여기에서 전부 물리면
다른 위원들의 반발이 거셀 것이고, 그렇게 되면 3퍼센트는커녕
표시제 자체가 물 건너갈지 모른다고 은근히 타협안을 강요하는
데, 머릿속이 복잡했다.

　이 대목에서 자리를 박차고 나간다면? 표시제를 위해 2년 넘
게 싸우느라 지칠 대로 지친 시민단체들을 더 힘든 길로 독려해
야 할 텐데, 과연 움직여 줄 수 있을까 회의적이었다. 숫자놀음
에 불과한 3퍼센트는 타협 이외에 아무 가치도 없는데 동의하야
하나. 하지만 타협할 수밖에 없었다. 기력이 소진한 시민단체에
게 더욱 험난한 운동을 주문할 수 없었다. 주문해 보았자 따라줄
지 의문이었고 나 또한 이 문제로 다른 일을 희생시킬 여유가 더
는 없었다.

　우리나라의 유전자 조작 농산물 표시제도는 그렇게 탄생했다.
하지만 농림부는 표시제도에 다시 손찌검을 했다. 표시위원회에
상정하지도 않고 계도기간을 함부로 선정, 제도가 발효되고 최
초 6개월은 표시하지 않아도 처벌을 보류하겠다고 천명한다. 기
업을 위해 눈물겨운 행정 서비스를 강행했던 것이다. 어쩌면 수
출국 미국의 눈치를 살핀 것인지 모르겠다. 하지만, 표시위원회
에 관련 기업계의 대표들이 이미 참여하고 있어 기업들은 표시

제도에 대비할 시간 여유가 충분했다. 계도기관은 기존 수입분량을 소진할 시간을 다국적 자본을 포함한 기업에게 배려한 것이었다. 안전보다 안심을 요구하는 소비자를 위해 탄생한 표시제도였지만, 그 근본 개념은 그 시작 단계부터 실종되고 만 것이다.

소비자들은 농산물을 그냥 먹지 않는다. 가공하여 식품으로 먹는다. 따라서 유전자 조작 식품도 표시를 해야 하는데 식품이므로 보건복지부 산하 식품의약품안전청(이후 식약청)에서 표시제도를 관장한다. 조작이라는 보통명사에 부정적인 시각을 가지고 있는 공무원 조직답게 유전자 조작 식품이 아니라 '유전자 재조합 식품'이라고 학술용어를 고집하는 식약청 역시 농림부 안에서 한발도 앞으로 나가기를 거부했으며, 지금도 그렇지만 유전자 조작 식품이 안전하며 식량증산을 위한 대안이라는 주장을 서슴지 않는다. 이는 조직폭력배를 단속하기에 앞선 경찰이 조직폭력배를 미화하는 이치와 같다. 우린 그런 경찰을 믿지 못하듯 미국계 다국적 기업의 목소리를 그대로 대변하는 식약청을 믿지 못한다. 유전자 조작 농산물과 그 농산물을 가공한 식품을 주로 수출하는 나라, 즉 미국에서 박사학위를 받은 연구자들이 유난히 많아 그런가.

통상마찰을 양보로 해결하는 것이 버릇되면 무역 상대국은 우리의 거듭된 양보에 감사해 하지 않는다. 봉으로 알고 사사건건 압력을 가할 것이 뻔하다. 유전자 조작 표시제도가 있는 나라 중 가장 느슨한 제도를 운용하고 있는 우리나라에 장관급까지 대동한 압력단을 파견한 미국은 비의도적 혼입률을 5퍼센트로 상향 조정할 것을 요구했다는데, 이를 반영하려는 것인지 3퍼센트는 과학적으로 의미가 없다며 5퍼센트로 상향조정할 것을 시사하고 있다고 한다. 한술 더 떠, 시민단체의 요구로 겨우 포함된 감자를 표시대상에서 제외하려는 것으로 알려지고 있다. 미국의 압력을 표시제도 강화로 맞받아친 크로아티아의 사례는 미국과 부딪히는 통상마다 저자세로 일관하는 우리 정부 당국답게 아예 관심 밖인 모양이다.

어찌되었든, 2002년은 우리나라에서 역사의 한 획을 긋는 해로 기억될 것이다. 월드컵 개최가 아니다. 계도기간 6개월을 마치고 강제 규정이 발효된 농산물 표시제도와 마찬가지로 계도기간 6개월을 거친 식품 역시 1월부터 강제 표시제도가 효력을 발휘하였기 때문이다. 그러므로 표시제도를 행사하는 우리 정부 당국은 서슬 퍼런 단속을 계획 또는 시행하고 있을까. 묵은 단속 실적을 아직도 내세우고 있지만, 우리는 정부의 단속의지를 실감하지 못한다. 지금 당장 시장에 가서 콩, 옥수수, 감자가 포함된 식품을 찾아 확인해 보자. 유전자 조작 여부, 아니, 유전자 변형 농산물이나 유전자 재조합 식품이라는 표시가 어느 하나라도 뚜렷하게 명기되어 있는가.

2000년 건국대학에서 열린 아셈 NGO포럼에서, 유럽 그린피스 대원 자격으로 참석한 독일의 한 식품공학 박사는 유럽 시장에서 유전자 조작 식품이 사라졌다고 공언한다. 모라토리엄 되었다는 것인데, 유전자 조작을 연구하고 지원하는 기업이나 정부가 스스로 원했기 때문일 리 없다. 600만 명의 회원을 가진 그린피스는 불매운동을 전제하고 네슬레와 같은 거대 식품회사에 유전자 조작 농산물 포함 여부를 질문했고, 소비자의 행동이 두려운 기업은 시장에서 유전자 조작 식품을 철수했기 때문이었다. 유럽만이 아니다. 유전자 조작 농산물을 주로 연구, 생산, 수출하는 미국의 대표적 유아식 회사인 거버도 시민단체의 질문을 받고 옥수수가 들어간 해당 유아식을 전량 폐기해야 했다.

10억 달러를 아껴 폐기하지 않았다면 신뢰를 잃은 거버는 다른 식품까지 팔지 못했을 것이다. 일본 맥주회사들도 마찬가지다. 기린맥주의 양심선언은 다른 맥주회사로 전이돼 일본 소비자들은 최소한 자국의 맥주는 안심할 수 있다고 말한다. 우리는 어떤가. 환경단체의 질문을 받은 네슬레는 유럽에서 보여준 신속한 처신과 달리, 표시제도를 준수할 따름이라며 한국 소비자의 불매운동을 무시하지 않았던가.

몇 가지 가공식품이나 농산물로 소비자는 자신과 가족의 건강을 안심할 수 없다. 돈 냄새에 민감한 자본의 촉수는 채소와 고기를 포함하여 주요 곡식의 유전자까지 조작하려 탐하고 있어 쌀이나 밀도 안심하지 못할 날이 멀지 않았다고 하지 않는가. 유전자 조작도 큰 문제이지만 농약에 의해 당장 무너지고 있는 소비자의 건강, 그리고 생태계의 건강은 어쩔 건가. 유전자 조작 농산물이나 유전자 조작 식품도 농약에 절은 농산물과 식품처럼 눈으로 확인할 수 없는 이상, 소비자들은 안심을 확보할 수 있는

근본적인 대안을 찾아 나서야 한다. 어떻게 하면 좋을까. 자본이
부실한 기업이나 가게들부터 울상지게 하는 일시적 불매운동보
다 더욱 적극적인 행동은 제철 제고장 유기농산물을 스스로 재
배해 먹는 일이다. 그게 어렵다면, 소비자와 생산자가 믿음으로
연대하는 '생활협동조합'이나 '한살림'과 같은 유기농산물 직
거래 장터의 회원이 돼서 유기농산물을 직접 조리해 먹는 '슬로
우 푸드' 운동을 전개하는 것은 어떨까.

자식을 위한 가장 확실한 투자는 무엇일까. 영재 만들기를 빙
자한 선행학습이나 열등의식 부추기는 조기 해외유학일까. 과문
한 탓일지는 몰라도, 조기유학 떠나 성공한 자녀가 일찍이 한국
으로 돌아와 조국을 위한 일에 몰두했다는 소식을 들어본 적이
없다. 영주권이나 시민권을 얻어 그 나라의 이익을 위해 동분서
주하거나 나중에 애국을 들먹이며 돌아와 우리의 정치, 경제, 사
회, 문화를 그 나라 식으로 개편하려는 노력은 간혹 본다. 조기
유학은 부모가 당초 생각했던 바와 달리 결국 영리한 외국인을
만들고 만 것이다. 허상을 위한 부모의 명예가 아니라면 자식을
위한 진정한 투자는 자식의 눈높이에서 자식의 행복을 위해야
한다는 뜻이다. 행복은 함께 사는 건강한 삶에서 나오는 게 아닐
까. 현재는 물론 앞으로 닥칠 나와 내 가족, 이웃과 생태계가 건
강하게 두루 어울릴 수 있어야 내내 행복한 게 아닐까.

2002년 초 방영한 서울방송의 특집 프로그램, '잘 먹고 잘 사
는 법'은 자신의 노후, 가족과 이웃의 행복, 그리고 생태계의 건
강을 생각하는 측면에서 커다란 반향이 있었다. 프로그램이 방

영된 이후, 가까운 유기농산물 매장에 물건이 바닥나고 회원이 급증한 현상은 이를 잘 반영하는 것이었고 또한 고무적이었다. 어처구니없는 논리로 소비자들을 현혹시키는 기업과 기업을 두둔하는 정부에 의뢰하기보다 스스로 행동하는 것 이상 자신의 건강을 위해 소중한 것이 없다는 결론을 소비자 스스로 깨달을 수 있게 이끈 프로그램이었다.

유전자 조작 농산물과 유전자 조작 식품의 표시제도, 그 허울뿐인 표시제도를 위해 시민단체가 애쓰는 것보다 문제의 심각성을 각성한 시민들의 직접행동이 더 중요하다. 우리나라의 허술하기 짝이 없는 표시제도는 과정이나 결과나 그 사실을 극명하게 웅변하고 있다. 자, 내 노후와 자식과 이웃의 건강, 우리 건강의 토대인 생태계의 안정을 위해, 우리는 어떤 행동부터 실천해야 할까. 시민운동은 아닐까.

인류가 자초한 부메랑, 질병

획득형질은 유전하는가. 고등학교 때 이미 지겨워져버린 질문이다. 획득형질이 유전하지 않는 이유를 당시 과학자는 어떻게 증명했을까. 지금 생각하면 좀 우습다. 꼬리 자른 쥐를 교배시키자 새끼들은 여전히 꼬리를 달고 태어났다. 과학자는 그 새끼들을 키워 꼬리를 또 자른 후 교배시켰다. 그래도 꼬리를 계속 달고 나온다. 그 과정을 수십 번 반복해도 마찬가지였기에 획득형질 유전은 부정되었다. 당시 유전자에 대한 개념은 없었다.

하나의 유전자는 오직 한 가지 기능만 맡을까. 그러리라 믿었지만 아닌 경우가 많았다. 유전적 요인으로 보이는 사람의 기능은 유전자 수를 크게 초월한다. 몸 밖에서 침입하는 세균이나 바이러스에 대항하는 면역반응만 해도 유전자 수를 간단히 넘어선다. 어떤 유전적 기능은 여러 유전자들이 동시에 관여하고 어떤 기능은 몇 개의 유전자들이 이합집산을 거듭해서 발현하는 것으로 알려진다. 그쯤 되면 우리가 유전자에 대해 아는 게 별로 없다고 해도 좋을 성싶다.

유전자는 변한다. 복제하는 과정에서 엉뚱한 결합이 새로 생기거나 빠지고, 순서가 뒤집히기도 한다. 체세포 속의 유전자가 변해 암이 발생하는 경우가 있고 외부 환경이 갑자기 변해 유전자가 돌변하기도 한다. 그렇게 바뀌는 과정을 돌연변이라 한다. 생식세포 속의 유전자에 돌연변이가 발생하면 바뀐 유전형질은 유전될 것이다. 돌연변이된 유전자는 대개 기존 환경에 적응하지 못한다. 변한 환경에도 대부분 불리하다. 하지만 돌연변이 유전자가 많다면 그 중 변한 환경에 유리한 경우도 나타날 수 있다.

얼마 전, 효능이 없는 독감백신을 주사한 의료인이 입건된 일이 있었다. 이유는 유효기간이 지난 백신을 사용했기 때문이었다. 유효기간이 지난다고 백신이 상하는 건 아니다. 보관이 확실하다면 백신의 효능은 출고 그대로인데 독감바이러스가 바뀌었고, 옛 백신은 바뀐 바이러스를 퇴치할 수 없게 된 것이다. 만일 독감바이러스가 바뀌지 않았다면 그 백신은 여전히 효과를 보일 것이다. 독감바이러스는 왜 바뀌었을까. 변화된 환경에 의해 돌연변이가 되었기 때문이다. 환경이 바뀌지 않았다면 독감바이러스는 그대로일 테고, 백신의 유효기간은 지금보다 길지 모른다.

유전자가 작고 세대의 길이가 짧을수록 환경변화에 민감한데, 환경은 왜 바뀌는 걸까. 천재지변이 없지 않지만 사람이 저지르는 생태계 파괴와 환경오염 행위가 가장 두드러진다. 사람들이 느닷없이 변화시킨 환경에 적응할 수 없는 바이러스 유전자는 돌연변이를 일으켜 빠른 시간 내에 생존확률을 높이려드는데 유전자가 크고 수명도 긴 사람은 자신이 바꾼 환경을 발전이라 착각한다. 그 결과, 눈치채지 못하는 사이, 철지난 바이러스와 박테리아가 강화된 모습으로 다시 창궐하고 다른 지역의 풍토병이 옮겨오며 없었던 질병이 발생한다. 과거의 백신은 소용없고, 최첨단을 과시하던 의료과학기술도 미처 대처할 시간이 없다.

독감 걸린 사람이 모두 사망하지 않듯, 조류독감이 모든 새들을 죽이는 것은 아니다. 그들에게 면역이 있는 한, 결국 이겨낼 것이다. 조류독감이 사람에게 전달된다면 사정은 달라진다. 사람에겐 조류독감을 이겨낼 면역이 없다. 타미플루라는 예방백신이 있지만 환각을 일으키는 부작용이 거듭 보고된다. 과거 조류독감은 그러지 않았는데 왜 요즘 사람에게 전달될까. 의심할 여지없이 환경변화다. 갯벌매립, 오존층 파괴, 기후변화, 수질과 대기오염이 그렇고, 본성을 왜곡시키는 닭과 오리의 사육 환경과 조건들이 그럴 것이다. 조류를 감염시키던 독감 바이러스가 변하자 새들은 물론 돼지와 사람까지 위협받게 되었다.

야생 고양이가 원인이라는 사스 바이러스는 왜 사람에게 전달돼 세계를 아연 긴장시켰을까. 에이즈처럼 개발에 따르는 생태계 교란과 관계 깊고, 어쩌면 야생동물까지 잡아먹는 사람들의 몬도가네 식습관이 치명적이었을 것이다. 발굽동물에게 치명적인 구제역은 사람을 예외적으로 가볍게 감염시키지만 본성을 짓밟는 사육을 계속하는 한, 안전을 언제까지나 장담할 수 없다. 사람에게 무해한 대장균이 O-157대장균으로 변하자 위험하듯, 병원성이 있든 없든, 유전자의 양이 작은 세균이나 바이러스는 환경이 바뀌는 한, 사람에게 안전을 확신할 수 없다. 발전을 맹

목적으로 섬기는 사람들이 허점 많은 과학기술을 믿고 자연스럽
던 환경을 계속 교란하는 한, 그렇다.

소나무 에이즈로 알려진 재선충에 감염된다고 모든 소나무들
이 말라죽는 건 아니다. 개중에 거뜬히 살아남거나 끄떡없는 소
나무도 있다. 살아남은 소나무를 육종하면 재선충에 내성을 가
진 소나무로 수종갱신할 수 있다. 구제역이 휩쓸고 지나간 뒷자
리에 살아남은 영국의 어린 양은 구제역 내성 양을 육종하는데
활용할 수 있어 환호를 받았다. 마찬가지로 조류독감이 창궐해
어린 닭 대다수가 죽어넘어진 비닐하우스에서 텔레비전 카메라
를 피해 경중경중 뛰어다니는 병아리도 있었다. 그 녀석들을 활
용하면 조류독감에 내성을 가진 닭을 육종할 수 있었다. 하지만
안타깝게도 돌림병 확산을 막기 위해 모두 도살하고 말았다.

철새들에 비해 닭이나 오리처럼 축산용 가금에서 조류독감에
의한 희생이 큰 이유는 유전적 다양성의 결핍이다. 조류독감에
이길 품종을 다시 육종하면 유전적 다양성은 더욱 줄어들 터, 다
른 질병에 그만큼 쉽게 노출된다. 변한 환경에 따라 다시 바뀔
조류독감에도 속수무책일 것이다. 삼계탕, 양념치킨, 백숙, 산란
용으로 특화시켜 획일적으로 육종한 닭은 엄격히 통제한 환경에
서 사육해야 한다. 예기치 못한 축산 농가의 손실은 조류독감으
로 그치지 않는다. 젖소나 비육우, 돼지도 마찬가지다. 유전적
다양성이 작은 가축의 경우, 사육환경은 물론 사료까지 철저하
게 관리하지 않으면 뜻하지 않은 돌림병에 희생되거나 발병지역
과 가깝다는 이유로 강제 도살해야 한다. 사람의 욕심이 엉뚱한

가축들을 떼로 죽이는 셈이다.

최근 우리나라에서 돼지의 장기를 사람한테 이식하려는 연구가 한창이다. 거의 단독대시라 할 수 있는데, 이미 앞서가던 국가들이 연구를 일제히 포기한 이유는 무엇일까. 돈벌이에 관심이 없거나 자본과 지식의 크기와 기술력이 뒤지기 때문이 아니다. 쇠젓가락을 사용하지 않기 때문은 더욱 아니다. 돼지의 장기에 포함된 바이러스가 이식되는 장기를 따라 사람의 몸에 들어와 에이즈 이상 창궐할 가능성이 매우 높고, 그 대책을 세울 수 없다고 판단했기 때문이다. 이종 간 장기이식을 통한 이른바 '내인성 바이러스'의 감염이다.

자라는 환경에서 감염되는 돼지의 바이러스는 엄격한 무균사육으로 극복할 수 있지만 문제는 까마득한 선조부터 물려받은 바이러스다. 감염될 당시 무척 많은 개체들이 희생되었겠지만 면역이 생기면서 돼지 유전자 속에 공생하게 된 바이러스는 피곤하면 입술 터지게 하는 사람의 바이러스처럼 현재의 돼지에게 그리 큰 문제를 일으키지 않는다. 하지만 면역이 없는 사람의 몸에 느닷없이 들어올 경우 속수무책이라는 것이 앞서 연구한 관련 전문가들의 공통적인 견해다. 따라서 돼지 장기를 이식받은 환자는 철저히 격리해야 하며 주고받는 음식이나 옷가지로 가족과 친지가 감염되지 않도록 철저히 멸균해야 할 것으로 예견한다.

아프리카의 망가베이 원숭이에서 유래된 것으로 추정하는 에이즈 바이러스는 분자량이 적어 환경변화에 매우 민감하다. 사람의 최첨단 지식과 장비로 백신을 만드는 시간 정도면 에이즈 바이러스는 새롭게 바뀐 환경에 적응해 어렵사리 개발한 백신을 소용없게 만든다고 한다. 주로 혈액을 통해 전달되는 에이즈 바이러스는 개인이 조심하면 감염을 거의 피할 수 있지만 인간의 몸에 들어온 동물의 내인성 바이러스는 접촉과 호흡을 통해 전염될 가능성을 배제하지 못한다. 가축이나 주변 동물을 통해 들어와 사람 사이에 창궐해 숱한 희생자를 낳은 천연두나 페스트와 같은 바이러스 질환을 굳이 예로 들지 않아도 상식을 가진 사람이라면 이종 간 장기이식의 위험성을 충분히 짐작할 수 있다.

생태계는 물론 자신의 환경마저 돌이킬 수 없게 교란하고 파괴하는 사람은 환경변화를 피부로 인식하지 못한다. 기후온난화로 인한 기상이변이나 기술로 해결할 수 있다고 오만하고 있는 수질, 대기, 해양오염만이 아니다. 서식처와 번식시기를 찾지 못하는 동식물의 혼란스러움은 사람과 공생하는 동식물 유전자의 돌연변이를 예고한다. 늦가을까지 아기 침실에 윙윙대는 지하집모기가 등장하듯 돼지에게 나타나는 조류독감이 사람 사이에 창궐할 가능성을 높이고, 묵은 독감백신과 갓 생산한 에이즈백신을 버리게 만든다. 장내 세균은 항생제가 몸 밖으로 빠져나가기 전에 유전자를 바꾼다지 않던가.

획득형질은 유전하는가. 이제 다시 생각하니 유전한다. 부메랑을 마구 던지는 사람만이 그 사실을 절박한 위험으로 인식하지 못하는 것 같다. 조류독감과 사스와 에이즈는 자연이 다시 보내는 강력한 경고인데 언제나 개발과 발전 타령에서 깨어날까. 획획거리는 부메랑은 숱하게 다가오는데.

과학기술의 만화경

어떤 아이 엄마가 신문 독자투고란을 조그맣게 노크했다. 두 번째 아기만은 스스로 낳아보겠다고 이를 악물고 고통을 감내하는 산모 귀에 바싹 다가온 의사는 "통증 없이 수술해 드릴까요?" "안전하게 수술하시죠" "자, 이제 수술준비 다 되었습니다!" 거푸 권유하는 바람에 엉겁결에 수술에 동의하고 말았다며 자신의 아이를 받은 산부인과 의사의 처사에 분노하는 내용이었다.

한 남성클리닉 원장은 겸연쩍게 애기하다 쓸쓸히 돌아 나가는 머리 희끗희끗한 60대 환자를 측은해 한다. 발기유전자를 주입하는 21세기 어느 시점이면 100세 노구에도 젊은 기운을 누리는 이른바 '페니스 천국'이 도래할 텐데, 최근 샌프란시스코에서 열린 세계 임포텐스 학회에서 발기부전의 유전자 치료 가능성을 10년 이내로 예견했는데, 혀를 차며 안타까워한다.

앞으로 밝혀낼 발기유전자만이 아니다. 치매유전자, 니코친중독유전자를 분리한 생명공학은 머리 좋게 만드는 유전자와 모성애유전자도 이미 분리해 냈다. 인간의 성장호르몬을 양산한 생

　　녹색의 상상력

명공학 덕분에 성장 장애자는 물론 작은 키도 발본색원할 수 있는 계기를 마련했고, 성호르몬으로 중년의 사람들은 젊음을 되찾는다는데, 21세기의 생명공학은 기왕에 분리해 낸 유전자를 과학자의 호기심 만족 차원에서 사장시키지 않을 것이다. 자본의 지원을 받아 가능성 있는 상품으로 개발하는 일은 시간문제일 것이다.

비아그라 출시 이후 물개의 특정부위를 찾는 고객이 줄어들었다는데, 상품화될 발기유전자는 노인성 발기부전을 새로운 질병으로 등록할 것이 분명하다. 물론 남성만 해당된다. 백년해로하기로 언약한 조강지처의 양해와 관계없이, 젖니 흔들리는 아이가 치과 환자이듯, 발기부전 질환에 걸린 노인은 환자가 될 것이다. 의과대학마다 쏟아내는 전문의들은 전산정보를 배타적으로 활용, 동네 노인들을 자기 병원의 환자로 경쟁적으로 등록할지 모른다. 학교 신체검사를 통해 치과검진을 의무화하는 세태는 발기부전 검진할 때가 되었다는 예고를 인터넷으로 홍보하는 세태로 이어질지 모른다. 그쯤 되면, 노인들은 환자가 아니라 비뇨기과 고객이다.

키는 얼마나 작아야 질병일까. 그 기준은 사회적으로 정리되지 않는다. 미학수업을 한 학기도 수강하지 않은 성형외과 의사들이 인간의 미를 함부로 규정하듯, 성장호르몬을 개발한 회사에서 작은 키를 질환으로 규정하고 치료해준다는 숭고한 표정을 거룩하게 관리할 것이다. 왜소발육증 환자를 위해 개발한 성장호르몬은 현재 의사의 처방만 있으면 누구에게나 주입될 수 있다. 정부 지원금을 받아 개발했어도 왜소발육증 환자는 적다. 그래서 돈을 충분히 벌어들이지 못한다. 그래서 성장호르몬을 개발한 미국의 생명공학 회사는 꾀를 썼다. 전문가를 동원, 키 작은 것도 질병이라는 세미나를 대대적으로 개최한 것이다.

머리를 좋게 하는 유전자는 어떤 미래를 안내하려 들까. 아직 생식세포 유전자 치료는 법적으로 규제되고 있지만, 질병치료라고 전문가들이 주장하면 당국은 결국 허용할지 모른다. 생식세포 유전자 치료는 나보다 자식의 미래를 약속하지만 배우자의 유전자 상태에 따라 효과가 발생하지 못할 가능성도 있다. 만일 초기 수정란의 구태의연한 유전자를 최첨단으로 치환할 수 있다면? 효과는 확실할 것이다. 동물 수정란 실험에서 유전자 치환이 성공한다면 대대적인 광고는 우생학을 예고할 것이다. 의뢰자인 부모의 지능지수와 관계없이 수정란 단계의 환자를 경쟁적으로 양산하게 만들 것이다. 질병치료 명분으로 영어단어 만 개를 일주일 만에 외울 수 있게 해 준다는 카피가 불임클리닉 광고전단에 등장할 날이 멀지 않았는지 모른다. 경쟁회사보다 획기적인 유전자를 개발할 때마다 자사 유전자로 치환할 것을 부추길지 모른다. 다만 거액의 치료비는 환자나 보호자가 감당해야 할 것이다.

서울의 한 불임클리닉 원장은 무통분만 시대가 올 것이라고 예단한다. 당장은 제왕절개 시술로 출산 고통을 잠시 잊는 방법에 의존할 수밖에 없지만 장차 인공자궁이 개발되어 보급되는 날이 오면 출산이라는 개념 자체가 사라질지 모른다고 점친다.

불임클리닉에서 인공수정한 수정란을 인공자궁에 착상시켜 세포분열을 유도하다가 적당한 시점에 인큐베이터로 옮기면 고통 하나 없이 아이를 안을 수 있는 무통분만 시대가 열린다는 것인데 이를 위해 미국을 필두로 한 이른바 의료 선진국에서 맹렬히 연구 중이라고, 벅찬 미래를 섣불리 광고한다.

조산원이 전문의에 의해 퇴출되자 환자로 전락한 산모는 제왕절개를 권유받고, 기억력 유전자나 치매 유전자와 같이 고혹적인 유전자들은 동성애 유전자와 더불어 환자의 범위를 전에 없게 확장할 것이다. 지금까지 동성애자들은 진보적인 이들에 의해 사회 소수자의 지위가 불안하게나마 인정되었지만, 앞으로 치료대상자로 분류될지 모른다. 효자를 지치게 만드는 치매환자를 지역사회에서 돌보게 하는 호스피스 제도도 퇴출될 것이다. 기억력유전자는 건망증을 발본색원하고, 롱다리 유전자와 쌍꺼풀 유전자는 푸른눈동자 유전자와 더불어 다음 세대 인간상을 맞춤형으로 획일화할 것이다.

명주실로 묶어 흔들리는 젖니를 빼던 시절에 비해 치과를 찾는 횟수가 늘어난 것은 식품가공 산업이 부드럽고 단 식품을 양산하기 때문만은 아니다. 환자와 정상인의 구분이 의료진에 의해 명확해진 이후 나타나는 일반현상이다. 유동식의 증가는 아이의 턱에 영구치가 나올 공간을 원천봉쇄하지만 턱 자체를 약화시키지는 않는다. 갸름한 턱이 유난히 많은 요즘, 한두 개 이상의 영구치가 나오지 않는 아이는 비교적 흔하다고 치과의사들은 전한다. 전동칫솔이 등장하면서 충치가 줄어들었다는데 어린이 환자가 치과를 먹여 살리는 이유는 무엇일까. 젖니를 아무렇게 빼면 영구치에 문제가 생길 수 있고, 영구치가 미우면 인상이 나빠 사회생활이 어렵다는 신화가 누군가에 의해 유포되면서 부모들이 긴장하는 까닭과 무관할까.

첨단 무통분만 시술로 태어나 정자와 난자를 위탁한 부모에게 인도될 21세기의 최첨단 인류는 차라리 우선 모성애 유전자부터 주입받아야 할 환자일 것이다. 의료과학의 권고로 최신 유전자를 그때마다 교환하고 낡은 장기를 주기적으로 갈아끼워야 하는, 자신의 몸에 아무런 주권도 없는 환자가 한 명 더 등록되는 것이리라. 앞으로는 유행에 따라 질병도 변화할 것이다. 생명공학은 맞춤의료를 기약하는데, 세상에서 환자가 아닌 사람은 아무도 없을 것이다.

갱년기 장애를 한순간 극복하게 해주는 성호르몬은 암 발생을 극적으로 높인다고 전문가들이 주장하지만, 말초적 처방에 환자들이 환호하는 한, 짭짤한 수입을 기대하는 의사들은 처방전 휘갈겨 쓰기를 멈추지 않을 것이다. 지불 능력 있는 인간 계층부터 혜택이 돌아가는, 균형 잃은 과학기술의 거듭된 발전은 생태계를 파괴하고 제3세계를 고통스럽게 만드는 데에서 멈추지 않는다. 가난한 이, 여성, 어린이와 같은 사회적 약자를 수혜자 대상에서 미루는 과학기술은 급기야 정상인마저 비정상으로 규정하고 말았다. 환원주의에 편승한 과학기술의 만화경이 화려하게 전개되는 마당에 최후의 정상인은 누구일까.

생명공학의 위험성과 비윤리성

들어가는 글

'황금쌀' 이 개발되었다. 쌀눈에 국한된 비타민에이가 나락 전체에도 퍼지도록 유전자를 조작한 쌀이다. 비타민에이의 전구물질인 카로티노이드가 포함된 까닭에 당근처럼 황금색을 띠는 쌀이다. 금호문화재단은 생명과학 분야의 노벨상을 목표로 '금호국제생명과학상' 을 제정, 제1회 수상자로 황금쌀을 개발한 스위스연방공학대학 잉고 포트리쿠스 교수를 선정했다. 쌀 한 가지에 의존하는 세계 4억 명의 가난한 나라 어린이들에게 황금쌀이 영양분을 보충하는데 크게 기여할 것으로 예견한 잉고 포트리쿠스 교수는 수상식에 앞서 철분을 강화한 쌀도 연구하고 있다고 밝혔다.

왜 비타민에이는 나락엔 없고 쌀눈에 한정되었을까. 쌀눈이 떨어져나가도록 도정한 백미만 먹으면 사람은 비타민에이 부족으로 괴혈병에 걸릴 수 있는데. 하지만 사람 눈높이에서 쌀을 바라보면 안 된다. 벼는 괴혈병에 걸리지 않는다. 벼의 씨앗인 쌀은 사람의 영양 균형을 위해 세상에 나타난 작물이 아니다. 벼는 쌀눈에 포함된 비타민에이 정도면 충분할 것이다. 쌀에 철분이 없는 것도 물론 벼는 철분을 필요로 하지 않기 때문이다. 철분이 필요한 사람은 채소를 통해 구해야 했다. 비타민에이도 쌀의 나락에서 찾지 않았다

비타민에이든 철분이든, 이론대로라면 유전자 조작 쌀은 먹는 사람에게 비타민에이나 철분을 어느 정도 보충할 수 있게 도와줄지 모른다. 하지만 조작해 들어간 외래 유전자로 인해 엉뚱한 성분까지 생산해야 하는 벼는 그렇지 않은 벼에 비해 생존에 불리할 가능성이 높다. 돌연변이 유전자는 기존 환경에 불리한 까닭이다. 유전자 조작 씨앗은 그에 맞는 환경을 조성해 엄격히 관리해야 한다. 따라서 별도 시설이나 환경관리를 위한 비용이 추가되는 만큼 생산된 쌀은 비싸게 팔릴 수밖에 없을 것이다. 투자비를 건지지 못한다면 어떤 농부도 유전자 조작 벼를 심으려 하지 않을 것이다. 종자회사도 적지 않은 특허료를 지불한 만큼 유전자를 조작한 고부가가치 벼 씨앗은 비싸게 판매하려 할 것이다.

철분을 함유하도록 조작된 유전자를 가진 벼도 때 되면 꽃가루를 날릴 텐데, 이웃 농가는 그 꽃가루가 자신의 논에 들어오는 것을 환영하거나 거부할 수 있겠다. 비싼 종자를 구입하지 않아도 고부가가치 쌀을 생산할 수 있다 하므로 은근히 반길 수도 있다. 그렇다고 기뻐할 수는 없다. 이때 종자회사는 이웃 농부에게

손해배상을 청구할지 모르기 때문이다. 종자회사가 보낸 손해배상청구서에 발끈하는 이웃의 유기농산물 생산 농부는 유전자 조작 벼 생산농가에 손해배상을 청구할지 모른다. 소비자들은 유전자 조작 쌀을 유기농산물로 인정하지 않으므로. 따라서 유전자 조작 쌀을 생산하려는 농가는 그 씨앗을 판매하는 종자회사 이상으로 그 꽃가루가 퍼지지 않도록 주의해야 한다. 자칫 고소 고발이 빗발칠 수 있겠다.

유전자 조작 쌀이 그렇지 않은 쌀에 비해 잘 팔리지 않는다면 그 종자는 시장에서 사라질 것이다. 미국계 다국적기업인 몬산토는 가난한 지역의 비타민 공급을 위해 황금쌀을 무료로 공급하겠다는 광고를 숭고한 표정을 관리하며 발표했다. 하지만 소비자들은 황금쌀의 존재를 그리 달가워하지 않을 것 같다. 나락에 포함된 비타민에이의 양이 광고처럼 매력적이지 않다는 지적은 그리 중요하지 않다. 백미를 즐겨먹는 부자들은 채소를 곁들일 것이고 가난한 사람들은 현미를 많이 먹을 것이므로. 대부분의 소비자들이 유전자 조작을 좋아하지 않는 까닭은 무엇일까. 자연스럽지 않기 때문은 아닐까.

꽃가루에 포함된 조작된 유전자는 계통이 유사한 식물의 유전자부터 오염시킬 수 있다. 몬산토에서 개발한 유전자 조작 유채 씨앗은 몬산토에서 독점 생산하는 '라운드업'(한국 상품명은 '근사미')이라는 제초제에 내성을 가진다. 식물은 물론, 사람까지 죽이는 그 제초제를 뿌려도 끄떡없도록 유전자를 조작한 유채 씨앗을 파종하자, 몇 해 지나지 않아 잡초가 나타나기 시작했다.

유채의 조작된 유전자가 잡초에 옮겨간 까닭이었다. 기업에 의
해 유전자가 조작당하는 생물은 쌀이나 유채와 같은 농작물에서
그치지 않는다. 콩, 감자, 밀들과 같이 우리 식탁에서 빠질 수 없
는 주곡에서 과일과 가축으로 확산되더니, 각양각색의 꽃으로
영역을 확대하고 있다. 유전자 배열이 사람과 비슷한 가축도 예
외가 아닌데 성형수술과 과외공부에 돈 아끼지 않는 사람은 앞
으로 대상이 안 되리라 확신할 수 있을까.

자연스럽지 못한 농산물을 먹으면 사람에게 아무런 문제가 발
생하지 않을까. 농약에 오염된 농산물과 방사선을 조사한 식품
의 사례를 볼 때 정부 당국자의 장담과 달리 안심하기 어렵다.
유전자 조작의 경우 아직 확신할 수 없다. 시장에 출하된 지 얼
마 되지 않아 거의 드러난 사례가 없다. 다만 분명한 것은, 문제
가 드러나면 대책이 없다는 점이다. 조작 여부와 관계없이 유전
자는 스스로 재생산하는 까닭에 일단 문제가 발생하면 걷잡을
수 없을 것이다. 조작된 유전자는 생태계에 이미 만연된 뒤일 테
니까. 현재의 과학기술 수준으로 유전자 조작의 문제를 발견하
지 못했다면 앞으로도 내내 안전할 것인가. 우리 농정당국과 식
품의약품안전청의 담당관들은 그런 주장을 늘어놓고 싶겠지만,
실제로 늘어놓고 있지만, 아니다. 우리보다 연구 예산과 인원과
실적이 월등한 미국의 식품의약품안전청(FDA)에서 안전을 확인
한 의약품이나 화학제품 중 10년 넘게 판매를 보장하는 제품은
오히려 드물다. 더욱 세련될 내일의 과학기술은 새로 밝혀낸 문
제를 마냥 덮을 수 없을 것이다.

　　녹색의 상상력

유전자 조작 식품, GMO를 유전자 재조합 식품이라고 학술용어로 강변하는 우리의 식품의약품안전청은 식품과 약품의 안전성 확보를 주요 업무로 하는 국가기관이다. 그런데 이상스럽게, 유전자 조작 식품의 안전성을 주장하는 모습이 유전자 농산물을 개발 보급하는 미국계 다국적 기업인 몬산토와 판박이다. 유전자 조작 식품의 표시규정을 논의하는 'GMO표시연구회'의 간사로 활동하던 식품의약품안전청의 한 사무관은 시민단체의 역공이 거셀 때마다 "저도 사실 기독교 신자인 데요…"를 겸연쩍게 연발했다. 기독교의 창세기 성경말씀에 "하느님 보시기에 참 좋았다"는 대목이 나온다는데, '기독교 신도이지만 (창조되지 않은) 유전자 조작 식품을 받아들일 수밖에 없다'는 말단 사무관의 처지를 토로했던 것일까.

불임클리닉에 냉동보관중인 잔여배아로 줄기세포 유도하는 연구를 우리나라에서 가장 앞장서 주도하는 마리아생명공학연구소의 박세필 소장은 "저도 천주교 신자입니다만…" 하며 자신의 반종교적 연구를 애써 변호한다. 한국 최초로 척추동물 복제에 성공한 서울대학교 수의대학 황우석 교수는 자신이 불교신자임을 천명하면서 동물복제와 배아복제가 불가에서 회자되는 윤회를 실현하는 연구인 것처럼 주장한다. 그를 반영하였을까. 황우석 교수를 출연시킨 불교방송은 그의 연구를 적극 홍보하고 나섰고, 2004년 석가탄신일에는 조계종이 종단 차원의 큰상을 하사하기까지 했다. 미국의 프로골프 선수 박세리와 더불어 두 명만이 받은 '올해의 불자상'이었다.

유전자 조작과 생명복제로 대변되는 생명공학은 이렇듯 자연의 질서를 위험하게 교란하거나 그럴 가능성이 농후한데, 과연 종교교리에 부합할까. 종교에 대한 기초지식도 연마하지 못한 처지에 감히 논리적인 주장을 펼칠 형편이 못되지만, 자연을 절대자의 섭리로 보거나 살생을 금지하는 상식 차원의 종교관으로 미루어볼 때, 종교는 생명공학을 수긍할 수 없어야 교리에 부합될 것 같다. 이미 여러 차례 실증된 유전자 조작의 문제는 물론, 생명복제 역시, 많은 시민단체와 대부분의 생명윤리 학자들은 윤리와 안전에서 심각한 문제를 제기한다. 부자와 빈자, 남성과 여성, 사람과 생태계, 현 세대와 다음 세대 사이의 혼란과 불평등을 충분히 예견할 수 있다는데 의견을 같이한다. 종교는 그 근본 철학으로 볼 때 생명공학과 양립할 수 없어야 모순이 아닐 텐데, 터져나와야 할 분명한 목소리가 거의 들리지 않는다. 현 생명공학을 종교는 어느 정도 양해해야 할까.

과학기술은 가치중립인가

야구방망이나 회칼이 끔찍한 흉기로 돌변할 수 있듯이 과학기술자가 연구개발한 이론과 기술은 이용하는 사람에 따라 문명의 이기가 될 수 있고 재앙의 수단이 될 수 있는 것일까. 그러한 면이 없지 않다. 하지만, 지금은 과학이 학자의 호기심 영역이고 기술이 장인들의 손재주에 그쳤던 소박한 시절이 아니다. 서로 이질적이었던 과학과 기술이 '과학기술'로 손잡자 과학기술은 돈이 없으면 연구와 개발이 불가능할 정도로 거대화된 현실이다. 외형이 거대한 만큼 거액이 들어가는 과학기술은 연구개발비를 제공하는 특정 세력 또는 자본의 이해에 종속된다. 잘 나가는 과학기술자마다 거액이 책정된, 하지만 목적이 정해진 연구용역에 촉각을 곤두세우는 요즘, 과학기술자 스스로 과학기술은 가치중립이라고 주장하기 민망하다.

돈이 있어야 연구개발이 가능한 과학기술은 부가가치, 즉 돈의 재생산을 철석같이 약속한다. 얼마 전 우리나라의 한 대학 연구소는 3센티미터 크기의 사람 유방암을 갖고 태어나는 생쥐를 개발했다. 많은 생명공학자들마다 개발하고 싶어하는 이른바 '질병 모델 동물' 중의 하나로, 그 생쥐를 이용하여 유방암을 치료할 날도 얼마 남지 않았다고 언론은 과학기술의 업적을 한껏 추켜세웠다. '유방암 생쥐'만이 아니다. 심장병이나 백내장들과 같은 사람의 질병을 안고 태어나는 생쥐를 무려 20종류 이상 무더기로 개발한 연구자도 있다.

유방암 생쥐의 출현으로 가장 가슴 벅차할 곳은 어디일까. 당장 치료해야 할 유방암 환자일까. 동물 실험 결과를 사람에 바로 적용할 수 없다는 주장은 여기에서 언급하지 않기로 한다. 유방암 생쥐를 재료로 하는 본격적인 연구가 시작되지도 않은 현재, 당장은 좀 이르다. 그런데 부가가치를 들먹이는 신문은 유방암 생쥐 한 마리가 수백만 원을 호가할 것으로 보도하고 있다. 신약을 개발하는 과정에서 희생되어야 할 생쥐의 수를 상정해보자.

가슴이 가장 벅차 할 곳은 유방암 생쥐로 부가가치를 독점할 특정 자본일 것이다. 유방암을 갖고 태어나는 생쥐를 '황금 알을 낳는 생쥐'라고 별명을 붙인다면 유방암 치료를 대대적으로 광고할 생명공학 자본은 발끈할까.

돈이 많으면 환경이 좋아질까. 몇 해 전 우리나라를 방문한 프랑스의 사회학자 기 소르망은 가난한 나라에 비해 부자 나라의 환경이 깨끗한 경험적 예를 들어 경제발전의 당위성을 환경적 측면에서 강조했는데, 돈이 많으면 환경이 좋아질까. 그럴지 모른다. 정리정돈이 잘 된 서구 유럽이나 일본, 호주, 뉴질랜드의 거리들은 마소의 오물이 뒤엉킨 가난한 나라에 비해 훨씬 깨끗해 보인다.

잡초나 담배꽁초 하나 없는 고급 아파트 단지는 지붕이 새고 담벼락마다 낙서로 가득한 달동네보다 깨끗하다. 가난했던 시절, 아무렇게나 버린 쓰레기로 하천마다 악취를 풍겼지만, 예산이 확보되자 지방정부는 하천을 복개해 도로로 활용했고, 여유가 생긴 요즘은 물고기가 사는 자연형 하천으로 복원하려 하지 않는가. 부자가 되면 깨끗해지는 것은 분명하다. 일주일에 한번은 꼭 목욕하라는 선생님의 당부도 지키지 못했던 한 세대 전에 비해 요즘 아이들의 용모는 얼마나 단정한가.

이상스럽게 정부와 자본은 깨끗한 획일적 질서를 환경으로 착각하려는 경향이 있다. 깨끗한 게 좋은 환경을 의미할까. 1990년대 초, 강원도 속초에서 세계 잼버리 대회가 열렸다. 1만 명 규모의 야영장이 덕유산국립공원 내에 있음에도 불구하고 하필 미시

    녹색의 상상력

령으로 이어지는 설악산 기슭에 1만 5천 명 규모의 야영장을 다시 축조한 당국은 "잡목 숲을 잔디밭으로 바꾸니 환경이 좋아졌다"고 너스레를 떨었다. 수많은 들꽃들과 곤충, 그곳에 깃든 온갖 버섯과 동식물을 수천만 년 이상 어우러졌던 덤불을 한순간 벗겨내고 그 자리에 단일 품종의 잔디를 심어놓으면 환경이 좋아지는 것일까. 스스로 그러했던 자연의 다양성을 사람들의 획일적 가치기준으로 천박하게 개편하려 든다. 과학기술이 그 첨병이다.

우리가 겪는 환경문제는 자연재해와 다르다. 거대하고 획일적인 가부장적 개발로 인한 생태계와 지역문화 붕괴, 에너지 과소비와 폐기물로 인한 수질과 대기 그리고 생명체의 오염과 같은 총체적 환경문제는 한결같이 사람들에 의한다. 지구온난화, 오존층파괴, 사막화에 이은 기상이변은 대부분 개발의 여파로 전문가들은 분석한다. 그로 인한 피해는 자연을 크게 교란하지만 결국 사람이 만든 시설에 치명적이다. 어떤 뜻일까. 천재가 아닌 인재로 평가하는 지역적인 호우의 예를 들어보자. 산사태가 발생해 길이 끊기고 가옥이 침수되는 현상은 사람이 축조한 인위적 환경에 문제를 일으킬지언정 다양성과 순환을 지향하는 생태계를 영원히 파괴하지 못한다는 뜻이다. 스스로 회복할 것이므로. 개발된 환경에 적응된 생명공학은 인간에게 어떤 내일을 안내할까.

허구를 근거로 하는 생명공학

생명공학자들은 생명공학만이 인구증가에 따르는 식량부족 현상을 획기적으로 해결할 수 있다고 주장한다. 불치병과 난치병을 근원적으로 치료하여 인류의 꿈인 수명연장을 꾀하고 환경과 에너지 문제에 대안을 마련해 줄 것처럼 광고한다. 연구비를 제공하는 국가나 자본에게 천문학적인 부가가치를 약속한다. 물론 이론적인 희망사항이고 뒷받침할 만한 증거는 분명치 않다. 가정법을 근거로 제기하는 희망사항은 현재 상황에서 대단히 고혹적이지만 반대의 상상도 얼마든지 가능하다. 잘못될 가능성도 배제할 수 없다. 환경은 과학적으로 언제까지나 통제할 수 없기 때문이다. 우리는 환경 속에 적응해 살 수밖에 없는데 환경을 교란하는 생명공학이 생명공학자와 그들에게 연구비를 투여하는 세력들의 애드벌룬처럼 희망사항일 수 있을지 냉정하게 살펴볼 필요가 있다.

GMO는 식량증산과 무관하다

식량이 남아도는 국가에서 주도한 녹색혁명이 실패로 마감되는 즈음, 부가가치를 신봉하는 생명공학이 식량증산의 대안이라도 되는 양 수선을 떤다. 화학비료와 살충제와 제초제로 토양생태계를 돌이키기 어렵게 파괴하며 끝나가는 녹색혁명은 농산물의 단작을 초래하였을 뿐 배고픈 인구에 기여한 바 적은데,

배부른 다국적기업에서 주도하는 GMO는 제국주의의 약탈에 의해 자급자족 기반이 무너진 가난한 지역을 얼마나 배려하고 있을까.

대부분의 GMO는 다국적기업의 이익에 충성한다. 제초제 저항성 농작물만이 아니다. 해충이나 바이러스 저항성 농작물 역시 종자의 독점 공급을 목표로 한다. 종자 다양성이 사라지면 농업은 환경변화에 매우 취약할 수밖에 없다. 동일 품종의 GMO를 광범위하게 파종한 후 기상이변이 발생하면 일거에 흉작에 부딪히는 지역은 물론 세계적인 식량 품귀현상이 발생될 수 있다. 요즘은 몇 안 되는 곡물 메이저가 세계인의 식량공급을 좌지우지하는 상황이 아닌가. 불길한 상상력을 과학적으로 발휘해보자. 제초제 저항성 유전자가 GMO 작물에서 인근 잡초에 옮겨갈 수 있다. 해충 저항성 작물에 곤충들이 내성을 가질 수 있다. 바이러스 역시 쉽게 바뀐 농업환경에 적응한다. 이와 같은 상황에 단일 품종의 GMO 작물을 세계적으로 파종한 후 잡초와 해충과 바이러스가 확산되면 세계 식량창고는 걷잡을 수 없이 황폐하게 될 것이다.

체격이 30배 이상 성장하는 미꾸라지나 15배 이상 자라는 연어는 자연에 방생할 수 없다. 그들이 생존할 만한 생태계가 존재하지 않기도 하지만 생존할 수 있어도 큰일이다. 황소개구리 이상의 문제를 초래할 수 있다. 먹이사슬 교란도 심각하겠지만 조작된 유전자가 유사종의 유전자를 오염시킬 경우 감당할 수 없는 문제를 촉발할 수 있다. 거대해진 미꾸라지나 연어는 엄격히 통제된 사육조건에서 그만한 사료를 먹었기에 가능한데, 배설물이 포함된 오폐수도 함부로 방류하면 안 된다. 배설물 속의 조작된 유전자가 생태계를 교란하지 못하도록 충분히 처리한 후 방출해야 한다.

이익을 최우선 가치로 신봉하는 기업은 돈이 되지 않는 식량증산에 연구비를 투자할 이유가 없다. 세계 식량의 상당 부분을 사료로 전용하는 현실에서 남아돌지 않는가. 잘 사는 지역으로 수출하는 기호식품이나 향신료 플랜트에 자급자족 기반을 빼앗긴 가난한 지역은 돈이 없어 식량을 수입하지 못하고 그래서 굶주린다. 최근 다국적기업은 2세대라 하여 맛이나 향이나 색체를 바꿔 부가가치를 높이거나 의약품을 대체하는 GMO를 연구한다. 과일에 백신이 포함되거나 딸기향 나는 우유를 배출하는 젖소는 파란색 장미와 더불어 식량증산과 전혀 무관하다. 복창하던 "인류복지!"와 상관없다. 가져다붙일 미사여구와 관계없이 유전자 조작은 개발자나 자본의 이해에 복무할 따름이다.

허구에 가까운 생명연장 애드벌룬

돼지나 소 췌장에서 인슐린을 추출하는 시대는 지났다. 관련 과학자들이 '유전자 재조합'이라는 용어를 고집하는 유전자 조작 기술로 사람의 인슐린을 미생물이 대량생산하는 까닭에 부작용 없고 값도 저렴하다. 어디 인슐린뿐인가. 말기 백혈병 환자에 특효라는 글리벡, 여성과 남성호르몬, 사람과 소의 성장호르몬도 같은 기술로 개발해 시장에 출시됐으며 앞으로 수많은 의약품이 유전자 조작 기술을 통해 개발될 것으로 예상한다.

값싸고 안전한 인슐린이 대량 보급되면서 당뇨병 환자는 줄어들었을까. 아니다. 당뇨병을 우습게 생각하는 환자들이 늘어났다. 식이요법과 적당한 운동으로 당뇨병 발생을 억제해야 하건만 그리 하지 않는데 환자가 줄어들 리 없다. 고가의 글리벡도 전자파나 환경오염과 같은 원인을 제거하지 않는 한, 백혈병의 발병률을 결코 낮출 수 없을 것이다. 호르몬 처방으로 갱년기 장애가 순식간 극복되는 듯하지만 전문가들은 암 발생과 같은 뜻하지 않는 부작용을 우려한다. 신체의 자연스런 노화과정을 강제로 역행하기 때문일 것이다.

최근 우리 언론들은 체세포이식 방식으로 복제한 배아와 불임클리닉에 냉동 보관된 잔여배아가 사람의 불치병과 난치병을 치료해줄 것처럼 크게 보도하고 있다. 수정한 지 14일이 못된 배아는 자궁에 착상시키면 사람으로 태어날 생명이지만, 배아를 희생시켜 얻은 내부세포괴(inner cell mass)를 이용해 200여 가지 세포조직을 분화, 배양하면 치료가 가능할 것으로 관련 연구자들은 섣불리 예견한다. 당뇨병 환자의 몸에 인슐린을 주사하는 것이 아니라 인슐린을 분비하는 세포조직을 직접 넣어준다면 당뇨병이 근원적으로 치유되고, 치매 환자의 뇌에 건강한 신경세포를 보충하거나 교통사고로 끊어진 척수를 분화시킨 신경세포로 이어준다면 완치가 가능할 것으로 상상력을 발휘한다.

자연스런 발생단계를 거쳐 온몸의 세포와 장기가 될 운명을 지닌 내부세포괴를 빼내면 배아는 죽지만 내부세포괴를 체외에서 잘 배양하면 200여 가지 세포조직으로 분화 가능한 줄기세포를 유도할 수 있다. 그런데 그렇게 유도한 줄기세포는 분화 능력이 지나치게 높아 현재까지 개발한 기술로 방향과 정도를 정확히 조절하지 못한다. 줄기세포로 신경세포를 분화시킬 경우 신경세포 이외의 세포조직으로 분화되는 예가 오히려 많으며, 일단 신경세포로 분화되었다 해도 주위 환경에 따라 암세포와 같은 엉뚱한 세포조직으로 럭비공처럼 재분화한다. 따라서 줄기세포의 임상적용은 절대 불가능하므로 현재는 줄기세포의 안정된 분화를 위한 연구를 선행해야지 완치를 광고할 시점이 아니다.

위험천만한 이종 간 생체이식

체세포 핵이식 방법으로 인간의 배아를 복제할 경우 실패 확률이 대단히 높기 때문에 충분한 난자가 건강한 상태로 기증되어야 한다. 하지만 난자 제공자를 찾아내기 수월하지 못할 것으로 예상할 수 있다. 자신의 몸에 이상이 발생할 정도로 착취되는 것을 무릅쓰고 과배란 유도 약제를 일주일 이상 주기적으로 투입하며 난자를 무상 제공할 여성은 그리 흔하지 않을 것이다. 이에 동물의 난자를 이용한 체세포 핵이식을 대안으로 주장하는 생명공학자가 있다. 핵을 미리 제거한 소나 돼지의 난자에 사람의 체세포 핵을 치환해 넣어 배아를 복제해 줄기세포를 유도하겠다는 엽기적 발상은 은밀히 거래되는 인간의 난자를 구입하지 못할 가난한 환자들을 위한 눈물겨운 배려인 양 부풀려 호도한다.

부작용 없는 장기를 제때 이식하지 못해 사망하는 환자가 미국에서 해마다 4천 명에 달한다고 한다. 인간의 장기를 구할 때까지 임시로 동물의 장기를 이식하는 방식을 구상하는 일부 생명공학자는 사람의 장기와 크기가 비슷하고 쉽게 구할 수 있는 동물로 미니돼지를 선정하고, 장기이식용 돼지가 바이러스에 감염되지 않도록 엄격한 무균사육을 하면 된다고 주장한다. 형제자매끼리도 생체를 주고받기 어렵게 하는 거부반응을 없애기 위해 '형질전환', 즉 전문가들이 넉아웃(knockout)이라 하는 유전자 조작을 감행하기도 한다.

거부반응을 일으키는 유전자의 기능을 제거하는 것인데, 문제는 유전자가 조작된 다른 생물의 생체가 직접 사람의 몸 안으로 들어가는 현상이다. 유전자 조작은 바이러스와 비슷한 기능을 하는 작은 유전자 집합체를 매개체(vector)로 활용한다. 그런데 이와 같이 유전자 조작을 매개하는 유전자는 종과 종 사이의 유전자를 비교적 수월하게 넘나들며 그때마다 숙주의 유전자를 교란한다. 유전자가 조작된 생체를 먹는 것이 아니라 이식할 경우, 유전자 조작으로 딸려 들어온 이질 유전자는 인체 내에서 내내 얌전할 수 있을까.

절대 무시할 수 없는 장기이식용 동물의 염색체 내에 존재하는 내인성 바이러스(endogenous retrovirus)다. 모든 생물의 염색체 내에 대개 0.5퍼센트 내외로 존재하는 것으로 알려진 내인성 바이러스는 외부 환경에서 감염되어 생긴 경우가 아니다. 진화 과정에서 아주 오래 전, 염색체 내에 공생하게 된 바이러스를 말하는데, 내인성 바이러스는 무균사육과 유전자 조작으로 제거할 수 있는 범위에 포함될 수 없다. 숙주 동물의 염색체인 양 평생 아무 문제를 일으키지 않고 유전에 동참하는 내인성 바이러스는 다른 동물에 전이될 때 무서운 질병으로 돌변할 수 있어 문제가 심각하다. 홍역이나 페스트, 에이즈나 에볼라바이러스가 그 대표적인 예로, 가축화나 생태계 교란으로 동물과 사람의 환경이 뒤섞이면서 나타났고 발생 초기 인류는 치명적인 피해를 입었다. 에이즈 백신을 개발하지 못하고 있는 인간의 과학기술은 미니돼지의 염색체에 존재하는 내인성 바이러스들의 실체를 전혀 모른다. 전문가들은 동물의 장기를 이식할 경우, 몸을 빠져나온 내인성 바이러스가 창궐하지 못하도록 이종의 장기를 이식한 환자는 평생 격리되어야 한다고 주장한다.

이종 간 핵이식은 안전할 수 있을까. 그와 같은 엽기적인 연구는 생명윤리 의식이 뒷받침되는 지역에서 거의 실시하지 않았거나 실시했다 해도 초기단계이므로 치명적으로 드러난 문제는 아직까지 발표된 바 없다. 하지만 상식적으로 안심하기 어렵다. 배아복제에 활용하겠다는 이종의 난자도 마찬가지다. 기원이 다른 미토콘드리아로 인해 발생하는 질병에 속수무책일 수밖에 없을 것으로 짐작할 수 있다.

생태계를 어지럽힌다

공장 특성에 맞는 폐수처리 미생물을 유전자 조작으로 개발하여 사용하면 수질오염을 저감할 수 있다는 주장이 들린다. 그런데, 유전자 조작 미생물이 폐수처리장을 빠져나가면 어떤 대책을 세울 수 있을까. 폐수처리장이 제약회사처럼 유전자 조작 미생물을 철두철미하게 관리하기 어려울 것이다. 화약을 분해하는 미생물에 해파리의 발광유전자를 조작해 넣고, 전쟁이 끝난 후 지뢰나 불발탄을 제거하겠다는 그럴싸한 목적은 실제 적용할 수 없다. 생태계에 퍼져나가 걷잡을 수 없이 재생산하거나 뜻하지 않은 돌연변이를 유발시킬 우려가 크기 때문이다. 중금속을 잘 흡수하도록 올챙이의 유전자를 조작해 넣은 현사시나무를 가로수로 심을 수 없는 것도 마찬가지다. 핵폐기물을 잘 분해하도록 유전자를 조작한 잔디를 핵폐기물처분장이나 핵발전소 뜰에 심을 수 없는 노릇이다.

멸종위기나 희귀동물을 복제하여 풀어주겠다는 생명공학자도 있지만 그렇다고 생태계가 풍요로워지는 것은 아니다. 복제한 백두산호랑이는 도로와 광산과 골프장과 스키장들로 수십 토막 난 백두대간에 풀어주지 못한다. 백두산호랑이도 산간 주민들도 한꺼번에 위험해진다. 동물원에 가두어 보호하며 사육하지 않을 수 없다. 지속적으로 복제하면 희귀동물의 유전자원 보전에 도움이 될 것으로 착각할 수 있겠지만 매우 낮은 복제 성공률을 미루어볼 때 기대하기 어렵다. 여섯 살 암양의 체세포로 세계 최초로 복제한 '돌리'가 젊은 나이인 여섯 살에 늙어죽은 사례를 비

추어, 늙어가는 동물원의 백두산호랑이를 아무리 복제해도 유전
자원 보전은 소용없을 가능성이 높다. 늙은 체세포를 이식해 복
제한 백두산호랑이들은 모두 세포가 늙어버린 어린 개체로 태어
나 돌리처럼 어린 나이에 늙어 죽을 테니까.

기계화와 관개와 화학비료와 농약에 적응된 씨앗을 대량 파종
하는 녹색혁명은 지역적 단작을 몰고왔다. 주지하다시피 유전자
조작 농작물은 이미 세계적 단작을 초래한다. 수많은 농산물 유
전자원을 잃어버리게 된 연유가 거기에 있다. 단작은 특별 종류
의 종자에 맞는 환경이 보전되어야 소기의 성과를 올릴 수 있다.
그런데 환경은 변한다. 나날이 심각해지는 기상이변은 최첨단
예보장치도 비웃는다. 30년 전, 지금의 환경을 예측한 사람이 없
는데, 환경변화는 더욱 빨라지는데, 다음 세대의 환경을 지금 짐
작할 수 있을까. 이러한 상황에도 세계가 단일 품종의 유전자 조
작 농산물을 동시에 파종한다면 다음 세대에 어떤 위기가 초래
될까. 생각할수록 암담하다.

에너지 위기를 심화한다

40년도 채 남지 않은 석유위기 시대를 극복해줄 대안으로 생
명공학을 거론하기도 한다. 고순도 사탕무를 개발해 대체하자는
주장인데, 그와 같은 농산물을 재배하는데 들어가는 에너지가
농작물을 가공해 얻는 에너지보다 많다면 석유의 대안으로 전혀
의미가 없을 것이다. 녹색혁명으로 개발한 농작물 종자보다 더

욱 밀도가 높은 에너지를 요구하는 유전자 조작 농산물은 이미 에너지 위기를 부채질하고 있다.

배아복제도 마찬가지다. 난자를 추출하고, 줄기세포를 유도해 배양하고, 임상에 적용할 정도로 충분히 안정된 세포조직으로 분화하는데 들어가는 비용과 에너지는 웬만한 환자들은 도무지 감당하기 어려울 정도로 과다할 것이다. 각고의 노력과 에너지로 임상에 적용할 단계에 접어들었다 치자. 이후 걷잡을 수 없는 위화감을 피하려면 거대한 에너지와 비용이 추가로 들어가는 사회보장제도를 정비해야 할 텐데, 과연 가능할지 궁금하다.

감시 도구

어떤 생명공학자는 자신만의 디엔에이 칩을 저마다 체내에 삽입하는 시대가 오면 생활은 하염없이 편리해질 것으로 예단한다. 고속도로나 지하철 통행료도 자동 인출되고 현관열쇠가 불필요해지며 병원을 지나가기만 해도 그때그때 몸 상태에 맞는 처방전이 발행되는 장밋빛 환상을 그린다. 관공서에서 서류를 뗄 필요가 없을 정도로 신원이 보장될 것으로 예견하는데, 이는 대단히 낙관적인 견해다. 심각한 경쟁사회에서 빅브라더의 감시가 이중삼중으로 엮어질 것 같다. 의뢰자의 건강을 미리 검토한 보험회사는 가입을 거절하고, 자신도 모르게 직장에서 불이익을 당할지 모른다. 맞선도, 결혼도, 출산도, 사회활동도 제약될 것이다.

이미 생명공학 자본은 사람의 염색체를 다 조사해냈다. 유전자의 염기서열과 순서를 거의 밝혀낸 과학기술과 자본은 어떤 부가가치를 구상할까. 여성잡지에 어린이의 이른바 '롱다리 유전자'를 찾아준다고 생명공학 벤처기업들이 경쟁적으로 광고하는 시대다. 결혼을 앞둔 사람들에게 '유전자궁합'을 유혹하는 벤처기업 중 '유방암 유전자'를 찾아낸다고 주장하는 곳도 있다. 그런데, 유방암 유전자의 수는 물론, 그 유전자와 환경과 어떤 상관관계를 갖는지 전혀 알려진 바 없다. 따라서 확실하지 않은 몇 가지 유전자가 발견되었다는 사실을 근거로 함부로 유방암 발병을 진단할 수 없건만 진단을 의뢰한 부모의 심정은 느긋할 수 없을 것이다. 유전자는 계속 분리된다. 언론을 장식하는 머리 좋게, 키 크게, 비만이 없게, 치매 걸리지 않게, 동성애 관심 갖지 않게 해줄 유전자들은 어떤 우생학을 예고할까.

최근 세계적인 테러 공포가 유포되는 와중에 '바이오폭탄'이라는 해괴한 용어가 미국을 중심으로 들려온다. 풍토병을 일으키는 곤충을 개발하거나 특정 음식과 관계해 독성물질을 배출하는 유전자를 개발한다면 적대적인 민족을 대량 제거하는 일도 생명공학이라면 불가능하지 않게 연구해낼지 모른다.

생명공학의 비윤리성

유전자 조작은 식물에 동물의 유전자를 삽입하기도 한다. 엄

격한 채식주의자들은 동물의 유전자가 들어간 채소나 곡물을 기
피하려할 텐데, 정확한 정보는 소비자에게 공개되지 않는다. 그
런데 생명공학의 비윤리성은 유전자 조작보다 배아나 생명복제
에서 두드러진다. 어떤 이는 똑같은 소, 돼지, 심지어 사람이 시
차를 두고 다시 태어난다고 윤리에 무슨 변고가 생기는가 묻기
도 하지만 복제 대상의 의사를 묻지 않는다는 점, 그리고 과정에
서 수많은 생명들의 희생을 피할 수 없다는 점에서 배아나 개체
복제는 필연적으로 비윤리적이다.

동물 배아복제도 마찬가지지만 돈이 되지 않는 동물배아는 논
외로 하고, 인간배아복제는 생명의 존엄성을 침해한다. 2004년
초, 서울대학교 황우석 교수가 발표한 인간배아복제에 이은 줄
기세포는 242개의 난자를 16명 여성의 몸에서 채취해 얻었다고
했다. 그 중 두 명은 황우석 교수의 제자로 밝혀졌다. 242개 중
체세포 핵이식 방법으로 배아를 복제하는 단계까지 이어진 난자
는 30여 개였고, 30여 개의 복제배아에서 단지 한 개의 줄기세포
를 배양하는데 성공했다.

수정에 이르지 않은 난자는 아직 생명체는 아니다. 하지만 16
명의 여성은 자연스럽지 못한 방식으로 과다한 난자를 배출해야
했고 그 과정에서 몸에 이상이 초래될 가능성이 있는 처치를 받
아야 했다. 연구를 위해 자원했다고 연구자는 주장하지만 일인
당 15개 이상의 난자가 적출되었다는 사실만으로 세계 윤리학자
들은 경악한다. 착취를 의심한다. 더구나 연구자는 난자 기증자
에게 어떤 정보를 어떻게 제공했는지 전혀 공개하지 않고 있다.

연구 과정의 윤리성을 의심받지 않을 수 없는 대목이라 하겠는데 아닌 게 아니라 돈으로 구입한 사실이 거듭된 부인에도 불구하고 한 방송사 프로듀서의 취재로 드러나고 말았다.

배아에서 줄기세포를 유도하려면 수정 후 14일이 채 못 된 배아를 절개해 내부세포괴를 떼어내어야 한다. 그때 배아는 죽는다. 생명공학자는 수정 후 14일 이전의 배아는 생명이 아닌 세포 덩어리로 규정하지만 터무니없다. 자궁에 착상하면 생명으로 태어날 수정 또는 복제된 배아는 분명한 생명이다. 황우석 교수는 한 개의 줄기세포를 얻기 위해 30명의 초기 생명을 희생시킨 것이다. 아직 세포분화가 일어나지 않은 배아를 완전한 생명이 아닌 '잠재적인 생명'으로 보고, 온전한 생명을 치료할 수 있다면 잠재적인 생명을 희생시킬 수 있다는 시각도 존재한다. 다시 말해, 완전한 사람 생명이 배아 생명보다 존엄성이 크므로 사람 치료를 위해 배아를 희생시켜도 좋다는 공리주의 시각이다. 그런데 생명을 공리주의로 다루어도 되는 재료에 불과할까. 공리주의 시각이 선동적인 부가가치 논리에 휘둘릴 경우 자칫 존엄성이 완전한 생명까지 소홀이 취급될 소지가 있는데.

여성잡지 광고 면에서 성형외과 의사들은 자신들이 '아름다움'을 창조한다고 거리낌 없이 주장한다. 인체의 아름다움을 독점하는 성형외과 의사들은 평소 아름다움에 대한 공부를 위해 얼마나 많은 시간을 투자했을까. 마찬가지로, 수정 후 14일을 기준으로 생명론 내세우는 생명공학자들은 생명에 대해 얼마나 고민했을까. 확실하지도 않은 가능성을 광고하며 14일 이전의 배아를 단순한 세포덩어리라고 함부로 규정해도 되는 것일까.

배아복제를 연구하는 생명공학자들은 '인류복지'를 되뇐다. 연구자들이 인류복지로 규정하기만 하면 모두 인류복지로 정의되어야 하는가. 한 개 줄기세포를 유도하기 위해 착취된 16명의 여성, 버림받은 240여 개의 난자. 희생된 30여 개의 배아는 인류복지를 위한 한낱 쓰레기인가. 그렇게 해서 불치병과 난치병이 확실하게 치료되기라도 할까. 미안하게도 아직 모르는 게 너무 많다. 아니, 아는 게 거의 없다고 해야 옳다. 현재는 초기 연구단계에 불과하며 하나하나 확인해가는 연구과정이다. 그 과정마다 많은 생명들이 추가로 희생될 것이 분명하다. 배아복제는 도대체 어떤 인류의 복지를 추구하기에 저토록 성화인가. 혹시 연구자의 복지는 아닐까.

배아복제로 치료하겠다고 장담하는 질병들은 대개 퇴행성질환이다. 나이들어 자연스레 발생하는 퇴행성질환을 기술로 치료할 수 있을까. 노후한 세포나 장기를 그때그때 교환하면 질병이 완치될까. 인체가 기계부품도 아닌데 교환이 손쉬울까. 오만이거나 무지거나 속임수다. 젊거나 어린 나이에 발생하는 퇴행성질환은 치료해야 옳다. 하지만 그 경우, 치료보다 예방을 우선해야 한다. 백혈병을 포함한 각종 암, 당뇨병과 같은 젊은이의 퇴행성질환은 오염된 환경이나 심한 스트레스에 그 원인이 있다. 우리는 현재 퇴행성질환의 원인을 제거하거나 줄이는데 얼마나 많은 연구와 비용을 투자하고 있는지 반성해야 한다. 배아복제 연구에 들어가는 비용의 일부라도 투자하고 있을까.

생산자, 즉 자본에 종속돼 있는 과학기술은 소비자, 즉 시민들에 의해 통제되어야 한다. 과학기술사회학이 누누이 지적하고 있듯이, 과학기술로 인한 이익은 자본이 챙기지만 그로 인한 최종 피해는 소비자들에게 돌아간다면 과학기술의 정책결정에 시민들의 의사를 민주적으로 물어야 한다. 거액의 세금으로 조성된 연구비로 운용되는 생명공학은 시민들의 의사결정에 따라야 하는 것은 당연하다. 전문가들이 기술관료와 밀실에서 정책결정하는 시대는 이미 지났다.

자신들의 논리와 규정과 희망사항에 따라 거액의 연구비를 책정해 소진하는 생명공학은 차라리 '연구산업'이다. 생명공학이 연구산업이라는 지적에서 자유로우려면 식량증산을 외치기 전에 자급자족 터전을 보전하려는 노력부터 경주해야 한다. 질병의 원인인 환경오염을 그대로 두고 환경을 더욱 교란하는 생명공학으로 질병을 말초적으로 치료할 수는 없다. 불치병 난치병 치료 운운하기에 앞서 환경문제를 먼저 해결하는 노력을 가시적으로 보여주어야 한다. 대부분의 환경오염은 인간의 지나친 욕심에서 온다. 경쟁과 속도를 앞세우는 지속 불가능한 개발에서 벗어나 배려와 느림의 미덕으로 자급자족하는 '지속가능한 삶'으로 전환해야 인간사의 많은 불치병과 난치병은 비로소 줄어들 수 있을 것이다.

신은 과학기술을 창조하지 않았다. 그러한 마당에 과학기술이 신을 부를 수 있나. 생명공학은 종교의 근본정신을 교란한다. 스스로 그러한 생명의 자연스런 흐름을 저해하는 유전자 조작과

배아복제는 종교의 논리와 정면 대립한다. 수정 직후부터 생명으로 인정하는 기독교는 물론이고 살생을 금하는 불교관에 비추어 배아복제를 포함한 생명복제는 비난받아 마땅하다. 일부 유명 생명공학자의 천박한 발상을 근거로 '윤회'라고 감히 규정할 수 없다. 철학적 깊이가 남다른 종교가 불교라고 할 때, 생명복제를 윤회라고 주장한 불교신도 생명공학자가 석가탄신일에 표창장을 받은 일은 아무리 고쳐 생각해도 부끄러운 역사가 아닐 수 없다.

나가는글

2003년 12월 30일 16대 국회를 통과하고 2005년 1월 1일 발효된 '생명윤리 및 안전에 관한 법률'은 여성계를 포함한 시민단체, 생명윤리학을 포함한 학계, 그리고 불교를 포함한 종교계에서 강력하게 제기해온 문제를 그대로 안고 있다. 당시 시민단체는 바람직한 생명윤리관련법의 제정을 촉구하기 위한 시민운동을 전개하며 목표도 당차게 천만인 서명운동을 천명했지만 목표에 크게 미달하며 흐지부지되고 말았다. 주장하는 신도를 다 합하면 전체 인구수를 초과한다는 종교계에서 무관심했기 때문이다. 한 차례의 설교 재료로 활용하고 잊어버리는 목사, 신부, 승려들은 신도들에게 서명을 권하기는커녕 헌금이나 시주를 많이

하는 생명공학자가 신도로 있어서 그런지 시민단체가 제공한 전
단도 배포하길 꺼렸다.

2004년 청와대 앞뜰에서 무려 58일에 걸친 단식 농성을 수행
한 천성산 내원사의 지율스님은 다시 100일에 달하는 단식을 수
행하여 많은 사람들을 놀라게 했다. 경부고속전철이 10킬로미터
가 훨씬 넘는 터널을 뚫고 달리면 지하수맥이 내려앉아 천성산
의 무수한 생명가치가 위태로워질 것을 직감한 스님은 뭇 생명
들을 대신해 자신의 생명을 내놓으려 했던 것이다. 살려달라는
천성산 작은 생명체의 애달픈 소리를 외면할 수 없었기 때문으
로 그는 일부 언론과 정부에서 오도하고 있듯 자신의 목숨을 담
보로 터널 백지화를 막무가내로 주장하는 것은 아니다.

40만 명이 넘는 '도롱뇽의 친구'들이 천성산에 가녀린 생명을
이어가는 도롱뇽을 대리하여 법원에 제출한 이른바 '도롱뇽 소
송'의 심리가 비록 지방과 고등법원에서 각하되었지만 대법원의
심리가 진행되는 중인데, 법으로 보장한 자연의 가치와 그 보전
을 위해, 환경영향평가서 제출일보다 10년이나 늦게 착공한 토
목공사의 환경영향평가를 법에 규정된 대로 재실시하라고 단식
농성으로 요구했던 것이다. 개발업자의 눈치를 살핀 토목 전문
가들의 의혹 가득한 법정진술을 민주적으로 투명하게 재평가함
으로써 천성산의 생태계를 보전해야 했기 때문이다.

생명을 중시하는 종교인들은 생명공학에 근본적인 질문을 던
져야 한다. 하필 청와대 앞뜰을 선택한 한 비구니 스님은 천성산
의 가녀린 생명가치들을 자신의 목숨과 하나로 인식한다. 삼라

만상이 하나의 그물망이라는 불교철학과 무관하지 않을 것이다.
자연의 기본 그물코인 유전자를 마구 조작하고 배아라는 초기생
명을 연구와 부가가치를 탐해 함부로 파괴하는 생명공학을 종교
인들은 어떻게 바라보아야 할까. 하나님이 베푼 생명의 가치를
청지기인 사람들이 지켜내야 한다고 믿는 기독교인들은 어떻게
바라보아야 하나. 자연스런 생명의 흐름을 저해하는 천박한 환
원주의 생명공학에 근본 문제를 제기하지 않으면 안 된다. 후손
의 생태계에도 건강한 생명들이 지속가능할 수 있도록 더 늦기
전에 배려해야 할 종교인들의 책임 있는 도리가 거기에 있는 것
이 아닐까.

계속되어야 할 생명공학 감시운동

'프랑켄 푸드'. 유럽 사람들은 유전자 조작 식품을 흔히 그렇게 말한다. '프랑켄'은 마리 셸리의 소설『프랑켄슈타인』에서 따온 말인데, 소설 속의 프랑켄슈타인은 사실 괴물이 아니다. 괴물은 그냥 '괴물'이고, 프랑켄슈타인은 괴물을 창조한 과학자다. 괴물을 창조한 까닭에 불행하게 죽은 과학자의 이름이 프랑켄슈타인인데, 프랑켄슈타인과 같은 괴물이나 먹어야 하는 위험한 식품이라는 냉소적인 의미를 달아 유전자 조작 식품을 유럽 사람들이 '프랑켄 푸드'라고 지칭하는 것이다.

프랑켄 푸드, 즉 유전자 조작 식품은 왜 위험하다는 것일까. 아직 조류독감이나 광우병과 같이 이렇다 할 문제도 나타나지 않았다는데. 제레미 리프킨은 '제2의 창세기'라며 비아냥거렸지만, 생태계 질서를 전혀 고려하지 않고 자본의 돈벌이에 충성하는 인간의 과학기술에 의해 창조된 생물, 즉 스스로 그러하는 자연의 흐름을 인위적으로 교란하는 농산물을 가공한 식품이라는 사실을 운동가들은 상기한다. 사람에게 뚜렷한 문제가 당장 나타나지 않았지만 생태적 교란은 이미 수차례 발생했고, 인간에게 문제가 발생한다면 걷잡을 수 없을 것으로 경고한다.

세계 최초의 유전자 조작 농산물은 1994년 개발해 1996년 유럽 시장으로 본격 출하된 토마토다. 그런데 잘 무르지 않도록 유전자를 조작한 그 토마토는 시장에서 사라졌다. 소비자들이 외면했기 때문만은 아니다. 보관과 유통에 유리해 세계 곡물 메이저들이 선호했지만 맛이 떨어져 상품성을 유지할 수 없었던 것이다. 조작돼 토마토에 들어간 다른 생물종의 유전자가 예기치 못한 형질을 발현했다고 의심할 수밖에 없는 그런 현상은 토마토에서 그치는 것이 아니라는데 문제가 심각하다.

꽃가루를 통해 조작된 유전자가 잡초에 전이되는 현상은 곧 먹이사슬을 통해 인간에서 전파될 수 있다는 예상으로 충분히 연결 가능하다. 과학자들이 '플라스미드'라 칭하는 특수 디엔에이 가닥은 종 울타리를 잘도 넘나든다. 그 플라스미드에 자본의 이익에 충성할 유전자를 삽입해 특정 생물의 유전자 사이에 넣었는데, 그 플라스미드는 엉뚱한 유전자가 삽입된 상태에서 돌아다니고, 결국 사람을 포함한 생태계에 예기치 못한 문제를 일으킬 수 있어 위험하다는 것이다. 특정 제초제에 저항성을 갖도록 조작한 유전자가 잡초에 전이되는 부작용이 속속 드러나지만 그 현상에 그치지 않을 것이다. 현재까지 심각한 문제가 겉으로 드러나지 않았어도 광우병이나 조류독감 이상 돌이킬 수 없는 생태적 재앙을 전혀 배제할 수 없기 때문이다.

특허를 단속하느라 이듬해 발표했지만 1996년 7월 영국의 이

완 월머트 박사는 여섯 살 암양의 유방에서 얻은 체세포 핵으로 '돌리'를 복제했다. 복제 양 돌리의 탄생은 세계 최초라는 상표보다 인간복제 가능성으로 떠들썩했다. 전 세계적으로 많은 윤리적 논쟁이 빗발쳤음은 물론이다. 자본주의 종주국인 미국도 생명윤리학자, 철학자, 법학자들이 포진한 국가윤리위원회를 대통령이 즉각 소집, 새로 개발된 과학기술이 인간을 비롯한 생태계의 생명들에 어떠한 윤리적 문제를 야기할 수 있는지 검토하도록 지시할 정도였다.

과학기술이 빚을 생명윤리의 문제를 인식하고 있는 많은 나라들은 인간복제뿐 아니라 착상하면 복제인간이 될 수 있는 인간의 배아가 복제되는 현상에 우려를 표명하고 심도 있는 연구와 논의가 진행된다. 이는 기존의 생명윤리 관련법을 개정하거나 강화된 법을 새로 제정하려는 움직임으로 연결되고, 이와 같은 일련의 사회적 움직임은 과학기술의 사회와 윤리적 책임을 시민사회에 각인하는데 적지 않은 역할을 담당했다. 돈벌이를 염두에 둔 실용적인 이유로 인간의 생명이 재료로 사용되어서는 안된다는 공감대가 시민사회는 물론 과학기술계까지 전파되는데 기여하게 된 것이다.

대통령이 친히 복제 한우의 이름을 '진이'라 붙여준 우리나라는 어떠했을까. 1999년 초, 세계 최초로 인간의 배아를 4세포기까지 복제했다고 깜짝 발표했던 경희의료원은 복제 성공을 확인하자마자 쓰레기통에 버렸으므로 문제될 게 없다고 생각했건만 대학의사협회는 연구자의 호기심이 빚은 해프닝으로 폄하한 것

말고 물론 아무런 제재도 없었다. 하지만 경희의료원은 성과가 있었다. 차라리 손님으로 불러야 할 불임환자들이 밀려들었던 것이다. 인간도 복제할 정도의 기술력을 가진 불임클리닉이 경희의료원에 존재한다는 광고가 공짜로 한동안 보도되다보니 뜻하지 않게, 어쩌면 뜻한 그대로 횡재를 했다.

이후 세계 다섯 번째로 서울대학교 수의대학 황우석 교수는 일반 젖소보다 우유를 세 배나 생산한다는 '영롱이'와 1년 만에 900킬로그램으로 불어난다는 한우 '진이'를 연거푸 복제하는데 성공했고, 마리아불임연구소의 박세필 박사는 마리아불임병원에 보관 중인 냉동배아를 사용하여 배아를 복제하기에 이르렀다. 황우석 교수는 소로 의심되는 동물의 난자에 사람의 체세포핵을 이식해 복제하는 엽기적인 연구를 발표하더니 박세필 박사는 질세라 인간 배아줄기세포와 실험용 생쥐 배아를 섞어 물의를 빚기도 했다. 하지만 그 두 과학자들은 한결같이 인간의 복지와 윤리를 일방적으로 내세웠다. 물론 복지와 윤리 전문가와 상의한 적은 없었다. 사전은 물론 생명윤리 차원의 사후 모니터링도 공개된 적이 없다.

1998년 유럽은 유전자 조작 식품 반대운동의 열기가 높았다. 수십에서 수백만의 회원을 갖는 환경단체가 주축이 돼 유전자 조작 농산물의 하역을 방해하고, 숱한 집회와 시위를 통한 직접 행동으로 시민들에게 경각심을 유발시키며, 식품가공업체에 질의를 내며 불매운동을 전개하자, 다국적 식품회사들은 연이어

항복을 선언하기에 이르렀다. 유전자 조작 식품은 환경단체 회원들만 사먹지 않는 게 아니다. 회원의 일가친척까지 줄줄이 외면한다면 그 회사는 망한다. 눈치 빠른 '네슬레'에서 유전자 조작 식품 시장철수를 선언했고, 다른 식품회사도 망하지 않으려면 동참하지 않을 수 없었다. 일본의 맥주회사들도 마찬가지였다.

유전자 조작 식품을 거부하는 유럽 환경단체들의 직접행동과 그 결과가 우리 언론에 속속 소개되고 있었지만, 어찌된 영문인지 우리의 환경단체는 조용했다. 당시는 동강 영월댐과 새만금 간척사업과 같이 중대한 운동이 발목잡고 있었던 상황을 십분 이해할 수 있으나, 조금만 깊게 생각하면 무서울 수밖에 없는 생명공학에 지나칠 정도로 관심이 없었다.

하지만 그러한 우리의 상황은 새로운 각성을 낳게 했고 드디어 1998년 9월, 일곱 개 시민사회단체가 연대하는 '생명안전·윤리 연대모임'을 결성하기에 이르렀으며 곧 17개 단체로 확장되었다. 연대체를 정식 발족하기 전에 여러 차례 내부 토론회를 통한 학습과정을 거친 '생명안전·윤리 연대모임'(이후 연대모임)은 당시 15대 국회에서 기존 '생명공학육성법'에 생명윤리와 안전 조항을 '맛보기'로 또는 '들러리'로 삽입하며 생색내려는 비윤리적 움직임을 감지, 첫 토론회를 굳이 국회의원회관에서 가졌다. 제대로 된 생명윤리 관련법을 요구하기 위한 몸짓으로, 호랑이를 잡으려면 호랑이굴로 들어가야 한다는 다짐이었다.

그런데 낙선운동 대상자가 많았던 15대 국회는 몇 개 생명윤리 관련 법안을 시큰둥하니 상정하곤 아무 논의 없이 16대로 바통을 넘겼다.

　연대모임은 초기 참 열심히 행동했다. 한 달에 한 차례 이상 모여 대책회의하고, 시민들이 많은 곳을 찾아다니며 문제가 드러날 때마다 집회와 시위를 반복했다. 연대모임에서 질의할 때 정부는 ‘모르쇠’로 일관했지만 한겨레 신문이 미국계 국제곡물상 카길에 문의를 해 우리나라에도 엄청난 유전자 조작 농산물이 수입된다는 사실을 뒤늦게 알았다. 연대모임이 이를 규탄하기 위해 종묘와 광화문 앞에서 집회할 적에 많은 시민들은 처음 듣는 이야기에 의아해했고 특종에 촉각세우는 언론은 새로운 이슈에 관심을 보여주었다. 하지만 대부분의 소비자들은 무표정했다.

　토론회와 공청회와 워크숍과 성명서 발표가 이어지고, 문제를 실증적으로 보여주는 사례와 문건이 공개되고, 책자가 발간되고, 언론들이 심층 보도하면서 정치권이 굼뜨게 움직이기 시작했다. 점잖게 유전자 조작 농산물과 그 농산물을 가공한 식품(이후 GMO)에 표시하면 어떻겠느냐며, 목이 쉬게 떠들어온 연대모임의 손을 들어주는 척했다. 낙선운동이라는 고단위 처방에도 불구하고 여전히 정쟁에 눈코 뜰 새 없던 16대 국회를 문턱 닳게 드나든 연대모임(이후 연대모임은 ‘조속한 생명윤리법 제정을 위한 캠페인단’으로 확대개편하였다)의 주장을 일부 국회의원들이 곁눈질했고, 국정감사장에서 혼쭐난 과학기술부와 보건복지부는 정부안을 마련하지 않을 수 없었다. 1998년부터 숨가쁘게 행동한 시민운동의 눈부신 노력이 없었다면 잠잠했을 것이다.

연대모임의 요구에서 비롯된 GMO 표시제는 현재 있으나마나 하다. 농산물을 담당하는 농림부와 가공식품을 관장하는 식품의 약품안전청은 자신의 입김에서 자유롭지 못한 관련부서, 대학교수, 기업체를 연대모임 약간 명을 면피용으로 위원으로 구성한 편향된 위원회를 조직, 회의석상에서 악다구니한 연대모임의 의견을 확 무시한 표시제도를 표결로 확정한 것이다. 하지만 무엇보다 사후 모니터링을 지금까지 제멋대로 시행하는 것은 더욱 큰 문제다. 관변단체를 활용하며 GMO를 홍보문건을 돌리며 광고하는 행태를 보이고 있다. 수십 가지 유전자 조작 농산물 중 콩과 옥수수와 감자만 세계에서 그 유래가 없을 정도로 느슨하게 표시하지만 그나마 수출국인 미국 압력에 굴복할 태세라 분통 터질 노릇이다.

다시 낙선운동의 대상이 된 16회 국회는 연대모임과 이후 캠페인단에서 줄기차게 요구한 법안과 거리가 먼 '생명윤리 및 안전에 관한 법률'을 통과시키고 말았다. 당초 과학기술부장관 생명윤리자문위원회의 법안이나 보건복지부 산하 보건연구원의 법안에도 크게 못 미치는 이번 법률은 윤리보다 연구에 방점을 찍는 일부 생명공학자들의 요구에 부합해 마구 수정된 법안을 담고 있다. 낙선대상이 대거 포진한 국회에서 핵심이어야 할 생명윤리가 결국 관련 법에서 실종되고 말았다.

1998년부터 희생적으로 몸과 마음을 던진 연대모임과 캠페인단은 결국 지쳤다. GMO를 목놓아 반대했던 초기, 카메라는 물론 취재기자도 북적이고, 텔레비전은 토론을 붙이며 관심을 보

여주었지만, 2년이 넘도록 같은 목소리를 내는 시민단체에 서서
히 등을 돌리고 말았다. 언론에서 잠잠하니 소비자들은 다시 무
덤덤해져서, "GMO라면 좀 찜찜하기는 해도 그렇다고 안 먹을
수도 없는데"하며 표시를 확인하지 않는 분위기가 되었다. 무심
히 지나가는 시민들을 볼 때마다 벽대고 외치는 듯 힘겨웠지만
가끔 뒤돌아보며 소비자의 인식이 높아지는 값진 결과에 고단한
마음을 다스렸는데, 지친 활동가들이 운동현장에 나오길 기피하
면서, 개별 연대단체마다 연대모임에 활동가 파견을 보류하면
서, GMO 반대운동도, 올바른 생명윤리법 제정을 위한 운동도
그만 시들해지고 만 것이다.

　시들해졌다고 포기한 것은 아니다. 지역은 지역대로, 정부는
정부대로, 시민단체, 환경단체, 여성단체, 소비자단체, 종교단체
들이 정신 차리지 못할 지경으로 각종 반환경 개발계획이 꼬리
에 꼬리를 물며 발표되는 현실에서 생명공학 관련운동에 정열을
쏟아내지 못할 뿐이다. 발등을 지지는 현재의 뜨거운 운동 때문
에 선뜻 몸이 따르지 못할 따름이다. 비록 '생명윤리 및 안전에
관한 법률' 이 국회를 통과하고 올 초 시행에 들어갔을지언정 여
성의 몸을 대상화하는 생명복제, 배아복제와 같은 문제에 여성
계와 종교계가 가만히 있을 리 없다. 개정을 요구해야 할 것이
다. 소비자단체, 환경단체에서 GMO의 활개를 그냥 놔둘 리 없
다. 열화 같은 시민운동으로 최소한 현재 유럽과 같은 정도의 성
과를 올릴 것이라 믿는다.

시민운동이 활발한 국가의 환경단체 대부분은 GMO 반대운동을 시민운동의 중요 과제로 다룬다. 핵 반대와 더불어 후손의 생명을 위해 반드시 막아야 할 2대 과제로 적극 행동한다. 하지만 그런 나라도 생명윤리는 종교계와 생명윤리학자들의 논의 선상에서 머물러 있는 인상이 짙다. 아직 정부를 움직일 만한 목소리를 시민사회가 내지 못한다. 그 이유는 무엇일까. 유사한 법이 이미 많아 진작부터 생명윤리가 제도적으로 투명하게 규율되기 때문이 아닐까. 과정마다 숱한 토론을 공개적으로 거친 까닭에 생명윤리에 중요성을 시민들이 잘 알고 있기 때문일 것이다. 우리와 아주 딴판으로.

생명윤리를 저해할 위험이 큰 '생명윤리 및 안전에 관한 법률' 이외에 우리는 아무런 관련 법률이 없어 여성의 몸이나 배아의 생명이 돈벌이를 위한 재료로 둔갑할 개연성이 농후한 현실에서, 우리 환경단체를 비롯한 시민단체들은 할 일이 무척 많다. 무수한 제도들이 시민들의 거센 요구에 의해 개혁된 경험에 비추어, 다시 힘겨운 운동에 돌입해야 한다. 관련 시민단체가 결성되어 시민들과 움직이는 일이 가장 바람직하겠으나 아직 시민사회에 생명공학 관련 운동에 대한 경각심이 미약하다. 그렇다면 기존 시민단체들이 회원들이 경각심을 깨달을 수 있도록 행동해야 할 것으로 생각한다. 생명윤리 전문학자들과 만나 의견을 묻고 깊이 있는 토론을 전개하는 것도 중요할 것이다. 전문가들의 조언은 시민단체 활동가들의 운동 논리를 한층 단단하게 성숙시키지 않던가. 또한 종교인들이 움직여 자식 낳아 키우는 시민들을 각성시키는 일도 매우 중요할 것이다.

일부 환경단체에서 간헐적으로 운동을 모색하는 가운데 소비자와 유기농산물 관련 단체에서 GMO 반대운동을 적극적으로 펼치고 있는 것은 다행이다. 하지만 정부 연구기관에서 쌀과 같은 주식까지 유전자 조작하는 현실에서 우리의 운동은 한가로워 보이는 것도 사실이다. 연대조직을 강화해서라도 실태파악과 모니터링을 전개하고 궁극적으로 이 땅, 나아가 지구촌의 모든 생태계에 조작된 유전자가 삽입되는 생명체가 없어지도록 절실한 마음으로 행동해야 할 텐데 걱정이다. 외국의 관련단체와 연대와 교류를 활발하게 하여 정보를 교환하고 함께 행동하는 것도 빼놓을 수 없다. GMO는 국제적으로 매우 중요한 관심사이고, 함께 막아야 할 위험이기 때문이다.

생명윤리는 생명공학의 기반이다. 자본의 돈벌이를 위해 생명윤리를 경시한다면 후손의 생명이 경시된다. 건전한 생명공학을 위해서라도, 일부 프랑켄슈타인 박사와 같은 연구자 집단, 그 연구자 집단을 불투명하게 지원하는 정부에 감시와 제동의 멍에를 시민의 이름으로 씌워야 한다. 조작된 유전자를 만연시키는 GMO를 막아내지 못한다면 돌연변이 유전자의 오염으로 걷잡을 수없는 재앙이 발생할 수 있다. 생명공학, 시민과 후손의 생명을 생각하며 운동하는 환경단체에서 결코 소홀히 취급할 수 없는 중차대한 문제가 아닐 수 없다.

생태적 삶과 녹색의 상상력

생명윤리는 생명공학의 기반이다. 자본의 돈벌이를 위해
생명윤리를 경시한다면 후손의 생명이 경시된다.
건전한 생명공학을 위해서라도, 일부 프랑켄슈타인 박사와 같은
연구자 집단, 그 연구자 집단을 불투명하게 지원하는 정부에
감시와 제동의 멍에를 시민의 이름으로 씌워야 한다.

아이를 생각하는 환경이어야 한다

1995년 4월 19일, 열두 살 난 파키스탄의 소년 이크발 미시는 총탄을 맞고 죽었다. 네 살부터 발에 족쇄가 채워진 채, 우리나라를 비롯한 세계 부호들의 거실을 덮기 위한 페르시아 풍 카펫을 짜는 작업장에서 일주일에 하루 16시간 이상 일하여 일당 24원 정도를 벌어 온 노동자이자 1994년 12월 스웨덴 스톡홀름 인권회의에 참가하여 자신과 같은 어린 노예들의 해방을 세계에 호소했던 소년 노동운동가 이크발은 그렇게 갔다. 이크발로 인해 1천여 명 이상의 값싼 노동력을 잃은 카펫 공장주들은 원한을 품었고 의혹을 남긴 채 이크발은 죽었으나 이크발은 차라리 행운아라고 국제아동기금은 자조한다. 적어도 수백에서 수천만을 헤아리는 파키스탄의 아이, 수억에 이를 것이라는 15세 이하 아이들이 세계 노동현장에서 착취되는 현실에서 그렇다는 것이다.

많은 아이들이 전쟁과 기근으로, 그리고 질병으로 희생된다. 어른들이 일으킨 전쟁에서 고아가 된 꿈 많던 소년 소녀들은 추위와 굶주림으로 인한 질병으로 목숨을 잃는다. 전쟁이 끝난 캄

보디아, 보스니아, 세르비아와 같은 나라의 아이들은 지뢰를 밟
아 다리가 빈번히 절단된다. 열 살이 채 안 되는 아이에게 총을
쥐어주고 전쟁터로 내모는 어른, 구걸을 강요하거나 앵벌이나
사창가로 팔아넘기는 부모, 유괴되는 아이, 매맞는 아이, 태어나
자마저 버려지는 아이. 얼마나 많은 아이들이 어른들에 의해 희
생되는지 헤아리기 어렵다.

환경파괴는 아이들에게 가장 먼저 피해를 입힌다. 대기와 수
질오염은 면역이 약한 아이들을 기관지 이상과 수인성 전염병으
로 고생하게 한다. 방사능 낙진도 아이들에게 우선한다. 1986년
4월 26일 우크라이나의 새벽을 찢은 체르노빌 핵발전소 폭발의
최대 피해자는 아이들이었다. 갑상선암과 같은 질병이 저항력이
약한 아이에게 집중되었다. 샴푸, 중성세제, 유기화학물질, 화학
비료, 농약, 살충제, 특히 가정에서 사용하는 살충제와 방향제들
이 증가 일로에 있으므로 아이들은 건강을 해친다.

지나친 결벽증도 문제다. 결벽증은 주변을 일단 깨끗하게 보
이도록 만들지만 결국 문제를 일으킨다. 항생제 남용은 병균을
강하게 만들고, 결국 가장 강력한 4세대 항생제마저 소용없는 슈
퍼균이 나타났다. 개미와 바퀴가 돌아다니는 이유는 살충제를
뿌리지 않았기 때문이 아니다. 집안 어딘가에 음식 찌꺼기가 있
다는 신호다. 살충제는 집안의 개미와 바퀴를 죽이지만 음식 찌
꺼기는 그대로일 테고, 세균은 더러운 물질에 더욱 꼬여, 기어다
니는 아이들 폐와 입과 피부를 공격할 것이다.

방부제가 많은 인스턴트 음식을 자주 먹는 도시 어린이의 똥

에 파리가 잘 앉지 않는다고 한다. 도시인의 배설물은 쉽게 분해되지 않는다는 것을 뜻한다. 썩지 않는 쓰레기를 발생시키는 인간은 결국 자신의 몸뚱이까지 난분해성 쓰레기로 변화시키고 만 것이다. 어른들은 어린이에 맞는 환경조성을 위해 노력해야 한다. 특별한 일이 아니다. 방사능이 나오는 핵산업을 반대하고, 유기화합물을 거부하고, 소비를 절약하고, 도시에 나무를 심는 행위들이 그에 해당한다.

2000년 어린이날, 전국에서 모인 '미래세대' 들은 새만금 간척사업이 벌어지는 전라북도 해창갯벌에 모여 '미래세대 환경소송단' 을 발족했다. "개발 권리는 현재와 미래세대의 개발과 환경 수요를 동시에 충족시켜야 한다!"고 밝힌 '리우환경선언' 제3조의 강령을 들춰볼 필요도 없이, "자연은 후손에게 빌려온 것"이라는 경구를 새삼 따질 것도 없이, 조상에게 물려받은 새만금의 광활한 갯벌 1억2천만 평은 매립해서 땅을 나누어 가질 현재세대보다 이 땅을 지속적으로 건강하게 살아야 할 미래세대의 몫이므로, 자신의 몫을 착취하지 말아달라는 의지를 표명한 것이다. 그렇게 미래세대는 현재세대가 만든 법에 호소하고자 했다.

헌법상 재산권과 환경권의 주체로서 미래세대는 권리가 있다. 어른들은 미래세대의 자연 자원 '향유권' 을 침해한 이유를 들어 공유수면 매립 면허권을 가진 해양수산부 장관과 간척사업 시행자인 농업기반공사를 미래세대 환경소송을 법정 대리하여 고발했지만, 결과는 좋지 않았다. 소송당사자가 아니라는 법원의 시대착오적인 해석 때문이었다. 그런데 갯벌은 미래세대들의 '생명권'에 가깝다. 생산되는 수많은 먹을거리와 막대한 산소만이 아니다. 자연 정화 능력이 빼어나고 다양한 어패류의 산란장인 갯벌에는 수많은 조개들이 서식하는데, 탄산칼슘으로 구성된 패각이 성장함에 따라 지구온난화가 예방된다. 갯벌은 후손의 허파요 콩팥이고 자궁인 것이다.

우리나라를 포함하여, 착취할 식민지 없는 현재의 많은 국가들이 지구의 절반을 쥐락펴락했던 60년 전의 영국보다 잘 사는 비결은 무엇일까. 새만금 갯벌이 매립되고 아마존이 파괴되는 작금의 세계 상황에서 충분히 짐작할 수 있듯이, 후손의 자원을 착취하기 때문이다. 강화도에서 서해안과 남해안을 돌아 무시로 매립됐거나 매립되는 갯벌만이 아니다. 한계 징후가 나타났음에도 반성하지 않는 현재세대의 지속 불가능한 자원 과소비는 지구온난화를 가속할 뿐 아니라 대책 없는 폐기물을 무한정 떠넘기지 않는가. 사막화, 오존구멍, 생물종 멸종행진들은 어떤 미래를 경고하는 것일까.

'엔클로저 운동'을 자연을 사유화한 부자들의 횡포로 간주하는 제레미 리프킨은 현재세대의 분별없는 개발을 "후손의 생명에 말뚝을 박는 자본의 엔클로저 운동"으로 성격 규정한다. 남의 나라 자연과 자원과 백성을 착취하며 부를 챙겼던 제국주의는 이제 '거대자본'이 되어 자신의 사욕을 위해 후손의 생명까지 노리고 있다는 주장이다. 유전자 조작 농산물로 세계의 부를 거머쥐려는 자본은 자신들의 배타적인 생명 연장을 위해 후손의 생명까지 착취하는 생명복제를 온갖 미사여구를 동원하며 감행하지 않는가.

　어린이에게 새 생명을 찾아주자는 생방송 프로그램을 진행하는 엠비시방송은 많은 불치병 또는 난치병 어린이를 낫게 했다고 자랑이 요란하다. 하지만, 간택된 일부 운 좋은 아이보다 훨씬 많은 아이들이 이 시간에도 고통 속에 있고 그 원인이 핵과 오존층 파괴와 같은 환경문제라는 점은 굳이 밝히지 않는다. 노동현장과 전쟁터로 내몰거나 기아와 질병으로 죽게 내버려두는 일 못지않게 아이들을 위협하는 것은 그들의 미래 환경까지 남김없이 파괴하려는 어른들의 이기적 욕심이라는 점을 전혀 언급하지 않는다. 눈에 보이는 치료보다 아이들의 불치병과 난치병의 원인을 제거해야 한다는 목소리는 거의 들리지 않는다.

　자손을 위한 환경은 개발과 물질문명으로 이룰 수 없다. 가난한 이, 여성, 노약자, 그리고 이 땅의 어린이 모두가 건강하게 잘 살 수 있는 환경은 아름다운 자연환경을 보전시킴으로 가능하다. "다 너 잘되라고 하는 거야!" 하고 부모들은 말한다. 자식들을 위해 오늘도 뼈빠지게 일한다 하면서도 정작 자신의 아이들에게 가장 중요한 바가 무엇인지 모른다. 학원이나 과외로 지겨운 하루를 보내는 아이와 오늘도 공장이나 전쟁터로 내몰리는 아이가 진심으로 바라는 것은 무엇일까. 자신들에게 어울릴 환경이 아닐까.

　녹색의 상상력

우리에게 다가온 침묵의 봄

1962년 책 한 권이 출판되었다. 미국을 움직인 20권 안에 들어간 책, 링컨으로 하여금 노예 해방의 의지를 불태우게 했다는 『톰 아저씨의 오두막』의 저자 스토어 부인과 더불어 미국을 움직인 두 명의 여성 중의 한 명으로 추앙되는 생물학자 레이첼 카슨 여사는 봄이 와도 새가 울지 않을 것이라는 의미를 담은 『침묵의 봄』을 썼고, 그 책을 통해 농약 과다 사용으로 인한 생태계의 중독을 경고하고 나섰다. 그런데, 레이첼 카슨이 죽은 지 30년이 지난 1998년 봄, 미국의 언론들은 봄이 왔는데 새는 여전히 울고 있다고 보도했다. 레이첼 카슨이 틀렸다는 지적이었을까. 아니다. 카슨 여사 서거 30주년을 맞아, 일찍이 제기된 여사의 경고를 주의 깊게 받아들인 덕분에 미국은 새 소리와 함께 봄을 맞을 수 있다며 레이첼 카슨을 기리는 목소리였다.

1960년대 초등학생인 우리는 주안 일대의 논과 밭, 과수원들을 쏘다니며 마음껏 놀았다. 다 자란 보리밭에 숨어 들어가 길을 내면서 기어다니며 술래잡기하던 일, 호박꽃 암술을 가슴에 덕

지럭지 묻힌 왕잠자리 수컷을 명주실로 막대기에 묶어 빙빙 돌리는 일, 가슴이 분홍색으로 덮이자 암컷인줄 착각하며 달려드는 왕잠자리 수컷을 잔뜩 잡을 수 있었다. 논 웅덩이마다 꽉 찬 납자루와 버들붕어 잡는 데 정신팔다 거머리에 뜯기고, 도랑 파면 미꾸라지를 한 양푼이나 퍼올리던 시절이었다. 과외학원이나 학습지가 뭔지도 몰랐고 무서운 선생님의 숙제도 아랑곳하지 않던 시절의 추억이다.

찌그러진 주전자를 들고 전에 봐두었던 웅덩이로 간 어느 날, 우리는 크게 놀라고 말았다. 그렇게 많던 물고기는커녕 거머리 한 마리 보이지 않는 게 아닌가. 이후 우리들의 놀이는 줄어들어 갔다. 납자루가 없어졌기 때문만이 아니다. 겨우내 쌓인 눈을 굴리며 눈싸움하던 밭에, "이려, 이려" 봄이면 이웃집 아저씨 소 몰던 논에, 어디에서 퍼왔을지 모르는 흙이 밤 낮 없이 덮이고 신작로와 함께 회색 시멘트 건물이 돋아오르면서 우리들의 놀이터들이 하나 둘 사라져갔던 것이다.

'경제개발 5개년 계획' 이면 우리는 모두 잘 살게 될 것으로 굳게 믿었다. 1960년대부터 우리 사회의 이데올로기로 풍미하던 제1차 경제개발 5개년 계획, 제2차와 3차 경제개발 5개년 계획으로 농촌의 건강했던 인력은 도시로 도시로 몰려들었다. 논밭을 메워 공장을 짓고, 그 공장에서 일할 만한 인력을 농촌에서 공급받아야 하는 공업화 위주의 경제개발은 농촌의 건장한 젊은 이들에게 고향 떠날 것을 종용했다. 생명이 우선하던 농촌을 편의로 위장된 돈의 개념으로 오염시키자 농촌은 보잘것없다며 젊은이들은 너나할 것 없이 고향을 등졌고, 배운 것 없어 남아야 했던 농민들은 소 팔고 논 팔아 대처로 공부하러 나간 자식들의 학자금 대기 빠듯해졌다.

젊은이가 모두 빠져나간 농촌이라도 쌀은 전 만큼 나와야 한다. 이때 화려하게 등장한 것은 녹색혁명이었다. 하늘과 물웅덩이에 의존해야 했던 오랜 천수답은 물값만 내면 저수지 물을 적시 정량 공급받는 관개수답으로 바뀌고, 논 밭 갈고 거름주며 김 매던 수고를 석유 소비 적지 않은 농기계, 화학비료와 제초제와 살충제가 대신하기 시작했다. 그래서 젊은이가 없어 일손이 부족해진 농촌이 되었지만 소출은 유지될 수 있었다. 그렇다고 농가소득도 유지되면 안 된다. 인구가 줄어든 만큼 일인당 수입이 배가된다면 도시로 간 젊은이가 유턴할 가능성이 있다. 농촌은 계속 소외시킬 필요가 있다. 그래서 농산물 저가정책을 강제하기 시작했다. 농촌에서 뼈빠지게 일해도 가난할 수밖에 없게 구조화시켰고 결국 농촌은 가망성 없는 촌구석으로 용도폐기되고 만 것이다. 1960년대 말, 주안의 논과 밭은 그렇게 사라졌고, 논가 웅덩이의 납자루 떼는 그렇게 해서 허연 배를 내놓고 떠올라 왔던 것이다.

공업화는 중앙 집중을 도모한다. 중앙에서 공급되는 전기와 가스와 수도로 추위와 더위를 잃은 우리는 따스한 아랫목도 잃었다. 자동차와 아스팔트 도로는 거리간격을 가까이 붙였지만 오가는 사람들은 바쁘디 바쁘다. 내 의지와 관계없이 중앙 집중적으로 주어진 편의에 젖은 우리는 그 만큼 시간이 없다. 주택자금, 아파트 관리비, 자동차 할부금, 전기세, 수도세… 이웃은 물론 가족도, 나 자신마저 도무지 돌볼 틈이 없다.

개발의 소용돌이가 IMF로 다소 진정된 이후, 아직도 개발이 만능일까. 아직도 개발 이데올로기는 유효할까. 개발이 전부가 아니라는 점을 비로소 인식하기에 이른 사람도 있겠지만 개발의 신화는 이 땅의 이데올로기에서 아직 한 걸음도 비껴있지 않다. 갯벌은 거듭 메워지고 그 자리에 오염물질 내뿜는 공단이 조성된다. 농촌은 여전히 소외되고 도시는 확장을 거듭한다. 골프장과 스키장들로 백두대간은 갈가리 찢어지고 뜯겨지는 가운데 도시의 무한한 확장을 막아주던 그린벨트도 풍전등화다. 화학비료와 제초제와 살충제로 더럽혀진 우리의 식탁은 이제 조작된 유전자로 오염되고 있다. 우리의 식탁은 후손의 건강까지 좀먹어 들어가고 있는 것이다.

남성들의 불임이 우려된다. 1984년부터 1995년까지 577명의 남성들을 조사한 결과, 정자 수가 매년 2퍼센트 씩 감소한다고 1996년 2월 영국 의학계는 발표하였고 1995년 프랑스 파리 정자은행도 같은 결과를 보고했다. 21개 국에서 1만 5천 명을 대상으로 한 조사에서, 1938년 1밀리미터의 정액 당 1억 1천만 마리였던 정자 수가 50년 사이에 6천 6백만 마리로 무려 절반 가까이 줄었다고 덴마크의 국립대학병원의 한 연구자는 밝혔고 프랑스의 한 과학자는 앞으로 70에서 80년 이후 남성 대부분의 생식능력이 사라질지도 모른다고 경고한다.

정자 감소의 원인으로 환경오염 물질의 체내 축적과 스트레스를 꼽는다. 오염 물질에 노출된 작업환경에서 일하는 여성 근로자가 낳은 사내아이에서 생식기 이상을 자주 발견할 수 있는데 이는 오염 물질이 모체를 통해 태아에 축적되었기 때문이라고 서울의 한 종합병원 의료진은 밝히고 있으며 얼마 전에는 유기용제인 솔벤트에 중독된 남성 근로자 10여 명이 무정자증 또는 정자 부족으로 밝혀져 물의를 일으킨 바 있다. 정자가 생산되는 고환은 스트레스에 민감하기 때문에 극도의 공포, 심한 불안, 우울과 같은 스트레스가 남성불임의 원인이 된다고 한다. 강제 추행으로 임신케 한 경력의 흉악범을 사형시킨 후 부검해 보니 그의 고환은 무정자 상태였다는 사례가 보고되기도 한다.

전자제품 생산 시 반드시 사용해야 한다는 솔벤트와 같은 유기용매, 멈출 수 없다는 산업 생산의 필연적 부산물인 수은, 구리, 망간들과 같은 중금속, 인류가 선택할 수밖에 없다는 핵발전과 핵산업 그리고 강대국의 지위를 확인시킨다는 핵무기와 그로 인해 발생되는 핵폐기물에서 방사되는 방사선, 설치를 반대하는 자는 지역이기주의자로 몰리는 대형 송전탑, 나날이 대형화 고급화를 치닫는 가전제품이나 컴퓨터들에서 발생되는 전자파, 그리고 술, 담배가 남성불임의 원인이라고 한다. 모두 피할 수 없는 현대의 필수품이다.

고층건물, 질주하는 자동차, 하루가 멀다 하며 변화되는 국제정세, 각종 제도, 디자인, 마감 날이 다가오는 각종 고지서, 학원폭력들로 뒤엉킨 환경에서 쫓기듯 살아야 하는 현대인의 삶이 결코 편안할 리 없다. 모두 스트레스다. 현대를 살아가자면 스트레스는 어쩔 수 없을까. 정액 1밀리리터 당 정자 수가 2천만 마리 이하면 불임이라고 한다. 이와 같은 추세라면 최근 태어나는 아이들의 절반은 후손을 기약할 수 없는 손자를 보게 되리라는 불길한 추측이다.

자연에는 수십억 년 동안 계절이 순환되었다. 눈이 녹으면 봄이다. 리드미컬한 북방산개구리의 짝짓기 울음소리가 조용해질 4월 중순이면 참개구리와 청개구리가 경연장에 동참한다. 체구가 작아도 턱밑의 울음주머니를 한껏 부풀리는 청개구리는 저음으로 낮게 깔리는 참개구리의 바리톤 울음소리를 압도하며 테너로 운다. 봄은 개구리들만이 떠들썩한 것이 아니다. 박새, 딱새, 노랑턱맷새와 같은 텃새들도 나무 꼭대기에 앉아 목청을 가눈다. 하늘을 선회하는 붉은배새매가 두렵지만 세력권 차지하는데 나무 꼭대기 이상 가는 곳은 없기 때문이다.

봄이 왔건만 언제부터인지 우리 농촌에서 새 울음소리 드물고 개구리도 침묵한다. 이른바 '침묵의 봄'이 온 것이다. 농약으로 중독되거나 먹이를 잃은 개구리와 새들이 떠나고 만 것이다. '침묵의 봄'은 농약 때문만은 아니다. 정화 처리 않는 축산과 농공단지로 인한 하천 오염, 5월 모내기철 전에는 논에 물을 대지 않는 관개농업, 동면 장소를 질식시키는 객토작업으로 개구리는 번식 시기와 장소를 잃었다. 개구리가 사라져 해충이 들끓자 잡초와 해충의 전멸을 약속하는 고독성 농약을 듬뿍듬뿍 뿌렸고,

새들은 먹이를 찾을 수 없게 된 것이다.

레이첼 카슨의 경고로 판로가 막힌 농약회사들은 망했을까. 그럴 리 없다. 그 농약들은 향도이촌 현상으로 일손이 딸린 우리나라 농촌에 살포되기 시작했고, 요즘 농협빚 두려운 농민들은 증산을 위해 농약을 뿌리는 것도 아니다. 감산을 걱정하며 우리나라도 가입한 OECD 회원국의 평균 여섯 배 이상을 뿌리는 것이다.

우리 농촌은 이미 적막강산이다. 개구리와 새들만이 침묵하는 것이 아니다. 아이 울음도 그친 지 오래 되었다. '침묵의 봄'은 내일이 없음을 뜻한다. 이땅의 후손을 위해 농약이 대안일 수 없다는데 동의한다면, 농약 없는 상생의 농업을 찾아야 한다. 레이첼 카슨이 『침묵의 봄』을 출판하기 전의 우리 농촌을 기억해보자. 아이 울음소리 그치지 않았던 시골을 생각하자.

레이첼 카슨의 경고는 미국 농약회사를 긴장시켰을 것이다. 미국 내에서 활로가 막힌 몬산토와 듀퐁과 같은 농약회사들은 다국적기업으로 방향을 선회하고 동북아를 겨냥하지 않았을까. 당시 군사독재정권의 경제개발 이데올로기와 맞아떨어진 미국계 다국적기업과 찰떡궁합, 이 찰떡궁합은 현재진행형이다. 레이첼 카슨이 원한 바는 아니었겠지만, 레이첼 카슨의 경고는 공교롭게도 새 소리와 개구리 소리로 활기찼던 우리나라의 봄을 침묵의 나락으로 떨어뜨리고 말았다.

봄이 침묵이면 한참 자라야 할 여름도 추수를 해야 할 가을도 침묵할 수밖에 없다. 그 후의 겨울은 얼마나 혹독할까. 점점 침

묵으로 치닫는 고요한 봄을 자각하며, 후손을 위한 우리의 행동
을 골똘히 고민해야 한다. 현대보다는 과거가, 도시보다는 농촌
이, 개발된 나라가 그렇지 않은 나라의 시민들에 비해 환경오염
물질과 스트레스에 적게 노출되었을 것이다. 농촌이 도시를 지
향하면서, 환경오염 물질과 스트레스가 쌓이면서 불임이 증가한
다는 것이다. 고요해진다는 것이다. 봄이 고요해진 우리의 그리
멀지 않은 과거는 생명의 소리로 찬란했는데. 하지만, 너무 서글
퍼 말자. 봄은 다시 온다. 우리가 맞이하는 문을 열고.

광우병 대안은 느리게 살기

"우리 엄마는 달라!" 어떤 우유회사 광고는 그렇게 시작했다. 냉장고를 열면 색소와 설탕으로 버무린 화학 음료수가 아니라 "○○○ 우유가 있다"던 광고는 넓은 목장에서 유유자적하는 소를 출연시켜 '빙그레' 웃으며 끝났다. 그런데 광고에 출현한 컴퓨터그래픽 소는 기형이다. 풀을 한 움큼 뜯어 먹기 적합한 소는 여섯 개의 앞니가 아래턱에만 있을 뿐인데, 사람처럼 씩 웃으며 위턱의 앞니를 드러냈던 것이다.

소는 참 무던하다. 한가롭게 풀을 뜯을 때 선해 보이는 소는 악취가 진동하는 축사를 묵묵히 감내한다. 똥오줌으로 질척대는 시멘트 바닥에 엉켜 붙어 있다가 쉽게 소화되는 분말 사료에 일제히 주둥이 박고, 실내등 끄면 자고, 항생제와 성장호르몬 주사 놓으면 맞고, 새끼를 빼앗길 때도, 도살장에 끌려갈 때도, 울부짖는 개나 돼지와 달리 이끌리기만 한다. 겉보기 무던한 소는 스트레스를 받지 않는 것일까.

사람을 포함한 모든 생명체는 스트레스를 받는다. 몇 해 전 여름, 생태도시 답사를 위해 독일의 한 주거단지를 찾은 방문단은 정원 초과 상태로 한 시간 정도 엘리베이터에 갇혔다. 인적이 드문 시각, 말도 통하지 않는 독일의 한 엘리베이터에서 비지땀을 흘리던 일행은 서툰 농담으로 스트레스를 이겨내려 노력했건만, 30분이 지나자 지진맥진하고 말았다. 질병과 범죄가 도시에서 주로 발생하는 까닭은 무엇일까. 수질과 대기오염, 소음과 진동, 각종 사고와 갈등, 감당할 수 없는 속도와 현란한 전파, 끊이지 않는 숱한 고지서와 형형색색의 간판과 인파 속의 고독은 스트레스와 무관하지 않을 것이다.

자본은 목장에 유유자적하는 소를 광고하지만 현실은 다르다. 좁은 축사에 최대한 몰아넣는 것이 보통이다. 지방이 근육에 퍼지는 육질을 위해 운동량을 최대로 줄이는 비육우는 그 정도가 심해 밧줄로 묶어놓기도 한다. 고급 육질과 우유를 남보다 빨리 많이 얻으려면 젖소는 어린 나이에 임신하고 비육우는 몸집이 얼른 불어야 하는데, 이때 호르몬이 효과를 발한다. 뼈가 채 여물기 전에 몸무게가 늘어 발목이 부러져 죽기도 하지만 과학축산은 눈도 깜짝하지 않는다. 죽어버린 살덩이보다 불어난 몸집이 더 많다고 비용편익분석은 영악하게 계산할 뿐이다.

공장식 축사는 대개 미국에서 수입한 유전자 조작 농산물이 들어간 사료를 먹인다. 농약이나 제초제에 오염되지 않은 짚은 구하기 어려울 뿐더러 짚을 먹은 소는 되새김질에 시간과 영양분을 빼앗기므로 편익이 준다. 되새김질을 못하면 소는 스트레스를 받지만 과학축산은 스트레스의 대처법을 이미 확보했다.

반추위에 수세미를 쑤셔넣는 기술이다. 밀폐 공간에 암모니아 가스가 진동하고 여름철 파리와 모기들이 극성이더라도 사료에 섞는 항생제와 공중에서 분무하는 살충제로 해결하는 과학축산은 먹는 시간 외에는 실내등을 끄라고 권고한다. 자는 동안은 스트레스를 덜 받을 게 아닌가.

대학이 우골탑이었던 멀지 않은 시절, 젖소 다섯 마리는 대학생 한 명을 길렀다. 송아지로 입식돼 3년이 지나야 첫 임신이 가능하고, 10년 이상 우유를 내주었던 전통 젖소는 식솔이었다. 젖소는 주인의 발소리를 기억했고 주인은 젖소들의 개성을 알았다. 발정이 나면 종우와 짝짓기를 나누도록 허용해주었던 시절에는 '우권'이 있었지만 인공수정사가 동네에서 퇴출되면서 사라졌다. 단일 품종인 냉동 수정란을 일률적으로 착상시키는 과학축산이 자본의 요구에 따라 영세 축산업을 몰아내면서 소는 자신의 의지와 관계없이 엉뚱한 품종을 임신해야 하는 것이다.

입식 2년 만에 임신하고 3년 동안 우유를 내는 프리미엄 젖소는 전통 젖소보다 1.5배의 우유를 생산한다. 그렇게 품종개량 되었다. 프리미엄 젖소를 사육하는 목장은 전보다 수익을 1.5배 올릴까. 아니다. 프리미엄 젖소의 까다로운 사육조건을 만족시키기 위해 거금을 쓴 목장주는 투자비를 건지려고 많은 젖소를 들여놓지만 그럴수록 관리비는 늘어난다. 전보다 1.5배의 원유를 착유해도 자본은 원유를 다 수집하지 않는다. 1.5배 엄격한 잣대를 적용하며 일부만 가져가고는, 요란한 광고를 앞세우며 프리미엄 우유를 시장에 공급할 뿐이다. 소비자들은 1.5배 저렴해진 우유를 마실 수 있을까. 당연히 아니다. 밑도 끝도 없는 광고에 현혹된 가정주부들이 1.5배 비싼 프리미엄 우유를 선택할 따름이다.

서울대학교 수의과대학 황우석 교수는 보통 젖소보다 세 배의 우유를 생산한다는 '영롱이'를 복제하는데 성공했다고 발표했다. 당시 우리 언론들은 세계 다섯 번째의 쾌거라고 추켜세우며 식량난 해소에 획기적인 도움을 예상했다. 그런데, 세계 최초의 복제동물인 '돌리'라는 이름의 양은 팔팔한 여섯 살에 늙어죽었다. 돌리 복제를 위해 체세포 핵을 제공한 양의 나이가 여섯 살이었다는 사실을 상기하는 과학자들은 태어나 6년이 지난 돌리의 실제 나이를 열두 살로 계산했고, 따라서 늙어 죽은 것으로 판정한다. 그렇다면 충분히 성장한 영롱이는 요즘, 세 배의 우유를 생산하고 있을까. 퇴행성 질병을 앓는 것은 아닐까. 그런데 영롱이는 생생하다고 소식통은 전한다. 복제동물답지 않게 자연교배와 정상분만으로 새끼도 잘 낳았다 한다. 혹시 영롱이, 늦게 태어난 일란성 쌍생소는 아닐까. 출생 이후의 경과를 전혀 공개하지 않는 상황에서 세금 내는 시민들은 소외되었다.

정부는 살코기도 끓여먹으면 광우병에 걸리지 않는다는 주장을 늘어놓다 여론의 호된 질책을 받았다. 구제역 의심 돼지들을 생매장시키더니 아니나 다를까 수백만 마리의 닭과 오리도 산 채로 파묻은 정부는 토양오염은 고사하고 동물권도 무시하는데, 역시나, 끓여먹으면 안전하다며 수백만 마리의 닭과 오리를 수매하겠단다. 역병 돌 때마다 고기를 구워먹는 우리 정부의 대처

능력은 그렇다 치고, 과학축산은 앞으로 더 무섭게 나타날 가축의 질병을 어떻게 막아낼 수 있을까.

음식을 통해 성격이 결정된다고 한다. 한강 둔치에 버려진 토끼가 사람들이 버린 통닭 뼈다귀를 갉아먹다 엽기토끼처럼 사나워지고, 태국의 한 사원에서 채식으로 사육되는 호랑이는 순박하기 그지없다고 한다. 사육 다섯 주 만에 삼계탕용으로 일제히 냉동되고, 50일 만에 튀김용으로 도살되는 닭은 그 용도로 품종개량 되었다. 유전적 다양성이 없어 약간의 환경변화에도 몰살한다. 동남아시아에서 조루독감 사망자가 등장했는데 우리나라는 안심해도 좋을까.

흔히 대안을 묻는다. 고기 먹지 말란 말이냐고 강변한다. 언제나 지적하지만, 공장식 축산은 문제를 증폭시킨다. 대안은 '느리게 살기'에서 찾아야 한다. 제철 제고장에서 생산하는 채식 위주의 유기농산물을 직접 조리해 먹는 것이다. 몸은 물론 마음도 건강한 생명을 위해 건강한 음식을 나누어 먹는 일이다. 광우병은 우리가 던진 부메랑이다. 그런데 부메랑은 광우병만이 아니다. 쉭쉭거리며 다가오는 부메랑을 막으려고 더 큰 부메랑을 내던질 수야 없는 노릇이다.

현대판 이스터 섬의 석상

아침, 북적이는 엘리베이터에서 경쾌한 리듬의 전화벨소리가 나더니 이동전화 두 개를 황급히 꺼낸 여학생은 그 중 하나를 받는다. 용도가 다른 모양인데, 모르긴 해도 전화료가 만만치 않을 성싶다. 집집마다 설치된 유선전화에 컴퓨터 인터넷망, 식구 수만큼의 이동전화까지, 통신사용료가 만만치 않은 세상이다. 첫눈 올 때 불통되는 전화의 이용료를 위해 수입을 늘이던지 지출을 줄여야 하지만, 어느 것 하나 수월치 않다.

자동차가 생기자 할부금, 기름값, 보험료 부담이 늘어나고 주차장이 완비된 식당을 찾다보니 식비도 상승했다. 자동차 유지비용만큼 돈을 더 벌어야 하는 시민들은 식구와 함께 있는 시간을 대폭 줄이지 않으면 안 된다. 수요가 공급을 낳는 시절을 지나, 공급이 수요를 창출하는 시대가 옴에 따라 이제 소비는 계층과 체면의 기준이 되었다. 필요와 편의보다 자존심을 위해 빚을 내어서라도 소득으로 감당하기 어려운 소비를 일단 만족시키지만, 소비가 늘어난 만큼 유지해야 할 외형이 커졌고 가계에는 그

만한 거품이 생겼다. 거품이 늘어나는 만큼 내일의 가정경제도 불안해졌다.

자동차와 이동전화만이 아니다. 소득에 역행하거나 필요 이상 장만한 의복과 가전제품, 가구의 질과 양 그리고 늘여잡은 아파트 평수도 가정경제를 불안하게 하는 것은 마찬가지다. 지방자치와 국가는 어떤가. 화려한 조명을 받은 일본 지바 현의 마쿠하리 신도시는 설계 당시의 기대와 달리 이용률이 저조하다. 현란한 대리석 장식의 고층 시민회관을 비롯하여 대부분의 빌딩 숲은 거의 텅 비어 있다. 10년 넘게 지속되는 일본 경제도 언제 바닥을 칠지, 드리워진 거품은 텅 빈 건물 높이만큼 깊은 모양이다.

수천억 원 이상의 초대형 건설공사가 줄지은 인천은 어떤가. 월드컵 축구게임을 위해 주산인 문학산 줄기를 뜯어낸 경기장의 향후 이용 계획도 막막하지만, 문학산 살점으로 천혜의 갯벌을 매립하여 조성한 송도신도시의 앞날은 과연 창창할까. 원가에 미달하는 분양가에도 입주할 업체를 찾지 못하는 가운데, 확실한 이용계획도 합의한 바 없이 추가매립을 서두르는 무모함은 누구의 내일을 걱정스럽게 할까.

국제 경기 후퇴는 항공수요를 더욱 위축시켜 국내 항공사들은 누적 적자가 감당하기 어려운 실정이라는데, 쌀이 남자 쌀과자와 쌀튀김을 홍보하는 정부는 해외여행을 적극 장려해야 할 판이다. 국제관광단지 조성을 위해 50개 가까운 골프장부터 건설하려는 제주도에 해외 관광객이 답지하지 않으면 어떤 대안을 마련하려 할까. 세계 최대 시카고 오헤어 공항의 두 배에 달하는 인천공항은 1억 명의 승객 시대를 대비한 규모를 자랑하는데, 공급을 맞출 수요를 위해 우리는 장차 어떤 수고를 아끼지 않아야 할까.

남아메리카 서부 해안에서 3천 7백 킬로미터 떨어진 태평양에 작은 화산섬 이스터가 있다. 사람이 사는 가까운 섬에서 2천 킬로미터 이상 떨어진 이스터는 1722년 최초 유럽인의 방문을 허용했는데, 마침 그날이 부활절이었다. 나무 하나 없는 황량한 벌판에 이렇다 할 농작물과 해산물도 없이 갈대 오두막이나 동굴에서 비참하게 사는 3천여 원주민들은 씨족 사이의 갈등이 심해 전쟁이 끊이지 않았고, 식량이 부족한 관계로 식인풍습까지 성했다. 노예 상인에게 붙잡히거나 천연두로 목숨을 잃어, 한때 111명까지 줄어들었던 원주민들은 현재 칠레 정부에 귀속돼 보호받고 있고, 섬은 양을 방목하는 영국 기업에 임대된 상태다.

이스터 섬에는 '세계 8대 불가사의'의 하나라는 거대한 석상들이 600개 가까이 늘어서 있다. 문명도 기술도 없는 원주민들은 10톤 바위 모자를 쓴 6미터의 석상의 역사를 전혀 기억하지 못하고, 자신의 지식으로 설명이 곤궁했던 유럽인들은 '불가사의'로 해석을 전가하고 말았지만, 최근 화석과 화분을 정밀 조사한 학자들은 이스터 섬의 역사를 교훈으로 들려준다. 거대한 야자수가 무성했고 야자수로 카누를 만들어 고래잡이도 성했던 이스터 섬은 1천 5백 년 전, 사람이 최초로 들어와 3백 년 만에 7천 명 이상 융성했지만, 지나친 자연파괴로 파멸하게 되었다는 것이다. 거대한 석상을 만들어 산으로 옮기는 씨족 사이의 경쟁적 종교의식으로 나무가 벌목돼 사라지자, 후손마저 살아갈 수 없도록 황폐하게 되고 말았다는 우울한 역사다.

지구 진화 역사에서 제일 마지막으로 나타난 사람은 생태계의 허용범위 안에서 자연과 합일하며 자급자족했지만, 대략 만 년 전, 잉여를 보장하는 기술을 손에 넣으면서 경쟁을 일삼으며 생태계를 파괴했다. 화산섬이라 생물종은 다양하지 않아도 나름대로 안정된 생태계를 유지했을 이스터 섬에 경작 기술과 가축을 가지고 들어간 사람들은 금방 인구를 늘였고, 자원이 부족한 섬에서 경쟁과 갈등은 파멸을 촉발했던 것이다. 면적이 작은 이스터 섬은 바로 바닥이 드러났지만, 기상이변이 속출하는 지구촌의 요즘 사정은 어떤가. 이스터 섬이 황폐해진 지 천 년이 지난 지금, 지구 생태계는 안녕한가.

생태계의 도움 없이 한시도 살아갈 수 없는 사람은 기술을 획득하고부터 교만해졌다. 자연의 도움 없이 스스로 만들고 고쳐 영원히 풍요롭게 살 수 있을 것으로 생각하기 시작한 것이다. 개발을 위한 존재로 치부했던 자연과 무궁무진할 것 같았던 동식물은 사람들의 탐욕 앞에 고갈과 멸종을 고하고, 늘어난 인구만큼 욕심도 증가한 사람들은 질적 양적으로 더욱 심화된 갈등과 편견으로 경쟁은 노골화되었다. 자연이 베푸는 이자로 살다 지나친 경쟁으로 원금까지 탕진한 사람들의 우울한 결말은 이스터 섬에서 그치지 않을 것이다.

2001년 9·11 테러는 현대판 이스터 섬의 한계를 적나라하게 드러냈다. 마천루라는 석상이 근사하게 서 있는 뉴욕 맨해튼 한복판에 증오와 이기심으로 불거진 항공기 테러가 자행되자 한 치의 오차도 허용하지 않으며 맞물려 돌아가던 첨단 시스템이 그 순간 정지되고 말았다. 세계 금융 질서는 한동안 허둥거렸으며 지구촌 곳곳의 주식 가격은 곤두박질쳐야 했다. 1995년 진도 6정도의 직하 지진이 일본 고베 일대를 강타하자, 마비된 것은 한신 고속도로와 고베항만이 아니었다. 고베항을 기반으로 하는 물동량이 한꺼번에 멈춰 서자 세계 무역은 한동안 된서리를 맞아야 했다.

여당 실력자를 배출한 지방 소도시에 거액의 예산을 동원해 건설한 공항들은 오가는 비행기 거의 볼 수 없이 광활한 시멘트 콘크리트를 무한정 놀리고 있고, 단군 이래 최대라는 새만금 간척사업은 뚜렷한 목적도 없이 갯벌부터 메우려 든다. 세계 최대 물 공급을 예정하는 듯 추진하는 대형 댐들은 주변의 생태계를 교란하며 물의 흐름을 차단하고 있는데, 철근 콘크리트로 축조한 거대한 시멘트 구조물이 제 수명을 다한 후 우린 어떤 대책을 강구할 수 있을까. 물 소비풍조가 만연된 마당이므로 새로운 댐을 더 크게 추진하려 할까. 댐으로 흐름이 멈춘 호수 바닥에는 막대한 침전물이 고이기 마련인데, 댐을 해체하고 침전물을 제거하는 일은 단지 후손에게 떠넘기면 그만일까.

부자들이 썰물처럼 빠져나간 뉴욕은 맨해튼 관리 재정이 언제나 쪼들리는데, 건축한 지 100년이 넘은 고층건물과 지하철이 부서지고 있다고 한 잡지는 전한다. 건물을 올릴 적에 뉴욕의 태평성대가 천년 만년 계속될 것 같았지만, 도시가 쇠락하고 콘크리트도 수명을 다하자, 시 당국은 이럴 수도 저럴 수도 없게 되었다는 것이다. 한 30년 전 개봉한 찰턴 헤스턴 주연의 할리우드 영화 〈혹성탈출〉은 파멸된 인간 세상의 처참함을 모래땅에 파묻힌 자유의 여신상으로 표현하고 있는데, 자연과 에너지가 고갈된 후손에게 떠넘겨진 맨해튼의 철근 콘크리트는 어떤 석상으로 남을까.

　투기를 목적으로 20년도 못된 아파트를 경쟁적으로 재개발하는 우리나라는 감당하기 어려운 쓰레기를 양산하면서 더 높고 더 넓은 아파트를 빨리빨리 건설하는데, 개발 관성은 후손의 환경까지 남기지 않는데, 이스터 섬의 석상과 거리가 멀까. 핸드폰 한 개로 만족하지 않는 우리는 이스터 섬의 석상을 보고 어떤 교훈을 되새겨야 할까.

인간의 행복은 발전에 있지 않다

'황해는 똥바다!' 지금 이 지경으로 상처받은 우리의 황해를 평가절하한 말은 아니니 서해안에서 삶을 건져야 하는 이들이여, 오해 없기 바란다. 장차 16억 이상으로 늘어날 중국인들이 하루에 한 차례씩 눈 똥이 양변기를 통해 황해로 쏟아질 경우를 상정하며 던진 어떤 인류학자의 냉소적인 인구론 화두를 소개해 본 것이다.

일본에서 '마구도나루도 하무바가'로 불리는 미국의 맥도널드 햄버거는 중국에도 인기가 그만이라고 한다. 기름기 흥건한 돼지고기와 밍밍한 찐빵에서 혀끝에 감미로움이 와 닿는 미국식 인스턴트식품으로 중국인의 입맛이 변해 간다는데, 이를 놓고 중국의 발전을 상징한다고 어떤 지식인은 평가한다. 중국의 자동차 시장도 커간다고 한다. 한 중국 관리의 자신에 찬 설명에 따르면 2015년경이면 중국도 마이카 시대로 접어들 것이라 장담하고 이를 반영하듯 우리나라를 포함한 세계 유수의 자동차 회사마다 중국 시장 선점을 위한 경쟁이 뜨겁다고 전한다.

'발전'을 앞세우고 '선진국' 진입을 열망하는 이들이 내세우는 로드맵이 대개 그렇다. 선진국 징표에 수렴하는 자신의 번지수에 뿌듯해한다. 선진국이라 칭하는 국가들의 친목 모임인 OECD에 가입했다고 한때 우쭐했던 김영삼 정권은 IMF 경제신탁통치로 곤혹을 치렀다. 떼를 써 가입한 내막을 알고 있었는지, 우리가 OECD 가맹국이란 사실을 그다지 부러운 눈으로 바라보지 않는 중국은 머지않을 사태 역전에 만만디하고 있다. 국토 면적으로 보나 인구로 보나 한국은 중국과 비교가 되지 않는다. 앞으로 십 년 이내, 한국 관광객의 코를 납작하게 할 만큼 중국의 성장은 눈부실 게고, 그러면 한국은 중국을 다시 우러르지 않을 수 없으리란 확신을 은근히 즐기고 있을지 모른다.

중남미 국가의 산림은 세계 시장의 햄버거용 쇠고기의 원활한 공급을 위해 황폐화되었다. 컴퓨터로 제어하며 양육되는 소는 열대림이었던 광활한 초원을 잠깐 유유자적하지만 이미 햄버거용으로 예약되었다. 중국 인민들이 미국인 수준으로 햄버거를 찾는다면? 아마존 면적만한 열대림을 서너 군데 이상 목장으로 바꿔야 할지 모른다. 2015년 16억 명으로 증가할 중국에 마이카 시대가 온다면 포항과 광양제철을 24시간 풀가동해도 중국인이 타는 자동차 보닛에도 허덕일지 모른다.

그런데 그만한 철광석이나 고철 더미를 한계에 다다른 지구촌에서 조달하기 어려울 것이라고 한다. 중국인을 위한 햄버거 식단은 무리 없이 공급될 수 있을까. 제레미 리프킨이 '발굽달린 메뚜기 떼'로 묘사한 소는 열대우림을 파괴할 뿐 아니라 유전자 조작 곡물 사료를 탐하고 있는데.

　인도의 저개발을 선진국들은 감사해야 한다고 인도의 환경 관리가 말했다고 한다. 중국과 인도의 후미진 곳, 아마존 열대우림과 같이 개발되지 않은 지역이 아직 지구촌에 남아 있기에 막무가내 파헤치는 개발의 악영향을 완충할 수 있다는 발언으로 들린다. 그렇다면 우리는 우리의 무궁한 발전을 위해 중국의 마이카 시대와 햄버거 시장의 확장에 우울해야 할지 모른다. 16억 인민의 가정에서 쏟아질 양변기 오수가 황해로 쏟아질 즈음, 황해만이 아니라 우리의 미래도 그다지 밝지 않을지 모른다. 그런데도 우리는 중국에 공단을 만든다, 핵발전소를 건설한다, 자동차 공장을 세운다, 저토록 부산이다.

　장독대가 사라지고 김장김치도 배달해 먹는 요즘, 근교의 숲은 하늘 높은 줄 모르는 고급 아파트와 속도를 숭상하는 아스팔트 도로로 넓게 잠식된지 오래고, 기존의 도심은 휘황찬란한 상업 지역으로 점령당했다. 도시에서 쫓겨난 공장은 갯벌을 매립한 자리를 차지하며 폐수와 오염 물질을 바다와 공중에 거듭 토해내지만 공기정화기와 정수기에 익숙한 도시인들은 도무지 신경 쓰지 않는다.

　다만 아파트 부금과 자동차와 에어컨의 할부금이 걱정될 따름이다. 눈앞의 장애를 기술로 산뜻하게 해결하는 중앙 집중 물질문명의 편의에 매몰된 우리는 선진국병과 발전에 눈이 멀었다. 돈도 물건도 많으면 좋고 크면 반긴다. 한계가 분명한 자원을 놓고 발전과 선진국병에 걸린 현대 인류는 물질문명이 빚을 필연적인 환경문제에 눈을 감는다. 에너지 공급 정책을 보면 더욱 그렇다.

인구 일인당 전력 소비 수준이 일본의 60퍼센트요 미국의 31퍼센트에 불과하다는 철지난 통계자료를 신주 모시듯 내세우는 전력당국은 우리 강토에 발전소를 계속 건설해야 한다는 논리를 시민들에게 주입한다. 소득 상승에 따라 전력 소비도 당연히 증가하는 법, 가정용 냉방기 보급이 30퍼센트 내외에 불과한 우리는 90퍼센트 이상인 일본이나 대만과 비교해 전기 보급량이 부족하므로 상응하는 발전소 건설은 불가피하다고 한국전력은 강변한다. 불과 10여 년 만에 냉방기 없는 자동차나 관공서를 상상하기 어렵게 되었고 에어컨이 혼숫감의 반열에 당당히 오른 현실에 일견 그럴싸한가. 그러면 전기 소비는 반드시 소득과 비례하는 것일까.

발전소의 대형화가 대세라고 시대착오적으로 주장하는 한국전력은 국가의 비호 아래 독점적 지위를 누리는 세계 최대의 전력회사 중의 하나다. 전기의 생산과 판매를 일부 자회사에 분할하고 송배전 관련 업무를 일개 회사에서 독점하는 국가는 세계적으로 거의 없다는 점을 밝히지 않는 한국전력은 주민들과 협의 없이 대용량 발전소를 건설하지 않는 것이 민주국가의 상식적 절차라는 사실에 주목하지 않는다.

입만 열면 선진국의 모범사례로 열거하는 독일 프랑스나 일본과 같은 국가들이 에너지 효율화와 합리적인 경영으로 소득 증가와 관계없이 에너지 소비량이 제자리걸음하거나 소폭 감소하고 있다는 점을 밝히려 들지 않는다. 효율화와 절차적 합리성을 물으며 환경 위해성이 큰 석탄이나 핵발전소의 추가 건설을 반대하는 주민들을 지역이기주의자나 국가 발전을 저해하는 불순세력 운운하며 공권력을 출동, 인신구속을 서슴지 않은 한국전력은 주민은 물론 외부 환경단체와도 합의점을 찾는 OECD 국가의 참여정신을 떳떳이 밝히지 못한다.

편서풍이 수도권으로 부는 인천광역시 옹진군의 영흥도로 가보자. 지역이기주의자로 몰아붙일 주민의 수가 몇 명 되지 않는 조건이 마음에 쏙 들어 간택했을 영흥도에 세계에서 그 유래를 찾아볼 수 없는 거대 용량의 석탄화력발전소를 건설하는 중장비들이 벌써 수년 째 밤낮을 가리지 않는다. 초기 구속되었던 영흥도 주민들은 이미 풀려났지만 청동기 유물이 출토되는 역사와 문화의 현장은 매립된 갯벌과 함께 파괴되어 사라졌다. 1997년 한국전력은 주민과 환경단체의 요구를 일부 받아들여 인천시와 환경협정을 맺은 바 있다. 건설이 시작된 80만 킬로와트 급 2기의 발전소는 유연탄 연료로 결정하되 필요할 경우 더 지을 4기는 LNG 사용을 약속한 것이다.

현실은 어떤가. 시민의 환경권을 무시하는 초헌법적 '전원개발특별법'에 의거 시민과 맺은 약속을 헌신짝처럼 팽개치지 않았던가. 산성비의 원인인 중국에서 넘어오는 황산화물은 물론 수은 성분까지 함유하는 중국산 유연탄이 LNG에 비해 세 배나 저렴한 이유를 들어 추가 건설하는 두 기 발전소도 석탄화력을 고집하고 있으며 당초 목표대로 80만 킬로와트 급 12기의 석탄화력발전소를 단지 내에 밀집시킬 태세를 굽히지 않고 있다. 중국 동해안에 밀집된 공업단지와 도시에서 쏟아내는 오염물질과 우리 서해안에 밀집된 발전소에서 쏟아내는 발전소 온배수는 갯벌이 매립된 황해를 더욱 고통스럽게 만들고 있는데, 황해에 삶을 기대고 있는 우리는 언제까지 건강할 수 있을까.

수도권 대기정화를 위해 보일러를 중유에서 LNG 용으로 일제히 교체한 비용은 시민들의 몫이었는데, 정화 효과는 3퍼센트에 불과했다고 전문가는 전한다. 영흥도 석탄화력발전소 2기에서 내뿜는 황산화물과 질소산화물은 3퍼센트 누적을 예견한다. 12기가 가동된 이후 발생할 수도권 시민들의 호흡기 질병은 누가 어떻게 책임질 것인가. 한국전력은 아낀 연료비를 시민들의 건강을 위해 적립하지 않을 것이다. 참고로, 영흥도 이외의 화력발전소들은 대기오염 저감장치를 제대로 부착하지 않았다.

전력 예비율이 3퍼센트인 일본보다 훨씬 느슨한 7퍼센트를 고수하는 우리 전력당국은 핵발전소 가동률이 40퍼센트가 넘는다는 점을 강조하며 광고를 통해 핵폐기장 건설을 당연시한다. 하지만 예비율 7퍼센트를 맞추기 위해 화력발전소 가동을 고의적으로 중지하며 뉴스 카메라 앞에서 위기상황을 연출하고, 핵발전소 가동을 모두 중단시켜도 여름 전력 송출에 아무런 문제가 없었던 동경전력 실태를 전혀 알리지 않고 있다. 시도 때도 없는 사고로 민원이 빗발치자 보유한 15기 핵발전소의 가동을 일제히 중단한 동경전력보다 한국전력의 핵발전소 관리 운영은 투명하고 합리적일까. 안전하고 효율적이라는 객관적인 증거 없이, 핵폐기장이 없으면 핵발전소는 가동할 수 없고, 핵발전소 가동이 멈추면 우리의 산업이 마비된다고 거품을 무는 자는 누구인가. 가동 후 30년이 지나면 핵발전하는 그 자체가 핵폐기물이다. 30년 만에 폐기될 핵발전소 구내에 핵폐기물을 처분하는 것이 가장 안전하고 경제적이라는 국내 연구진의 보고서를 감추다 국정감사장에서 들통난 한국전력은 누구를 향해 '지역이기주의자론'을 함부로 뱉어대는가. 전기를 생산 판매하는 공급업자이므로 재생에너지 개발이나 에너지 효율화에 관심이 없는 것이 당연하다는 한국전력은 무슨 연유로 전력산업을 독점하는가.

우리가 칭송하는 이른바 '선진국' 들은 에너지 절약과 효율 향상, 재생 가능한 대안 에너지원 발굴에 박차를 가하고 있으며 이미 실천에 옮기고 있다.

향후 50년 내에 사용하는 에너지의 50퍼센트 이상을 바람이나 태양과 같은 재생 가능한 에너지로 활용하겠다는 계획을 앞당기겠다고 기세를 올리고 있는 독일은 우리보다 바람의 강도가 세지 않고, 햇볕은 보잘것없다. 거대한 중앙 집중적 전력회사를 소규모의 재생 가능한 발전회사로 개편하면서 일자리가 더욱 창출되고 경제와 환경이 두루 보전된다는 사실을 실증한다. 국가가 독점하던 전력산업을 민간과 지역으로 이양하면서 양질의 전력을 안정적으로 공급하게 되었다는 앞서가는 나라의 사례는 타산지석에서 예외가 아닌 것이다.

수자원공사가 물 부족을 예측하는 한, 댐건설은 멈추지 않는다. 건설업자들이 주택보급률을 결정하는 한, 아파트 투기는 줄어들지 않을 것이다. 공급자들이 통계를 움켜쥐고 소비자들을 우롱할 때 거품은 커지고, 그로 인한 사회적 손실은 걷잡기 어려울 것이다. 건강한 내일을 위한다면 중앙 집중의 공급보다 지속가능한 환경이다. 소비자들이 중앙의 프로그램에 따라 움직여야 하는 부품이 아니라면, 소비자의 주권은 확립되어야 한다. 전기도, 에너지도, 주택도, 음식도, 상하수도도 마찬가지다. 따뜻한 이웃과 아름다운 생태계가 어우러진 환경에서 조상의 전통과 후손의 체온을 나누고 싶은 인간이라면, 보전된 환경이 곧 발전이다. 인간과 같은 생명체의 진정한 행복은 환경에서 온다. 중앙 집중의 發展도, 發電도 아니다. 건강한 지속가능성이다.

땅 살리는 똥으로 내일을 살리려면

1960년대, 인천시 주안의 경인국도 변을 차지한 상가 겸 단층주택은 네 개 점포와 점포 임대인들의 살림집이 붙어 있고 공동 화장실이 마당에 하나 있었다. 이른 아침이면 마당 뒤로 이어진 채마밭에서 조금 멀리 과수원 너머, 한 사내가 나타나 어김없이 독특한 가락을 외쳤다. 아이들 학교 간 이후 아파트 복도를 내려오는 요즘의 "세-타악, 세-타악" 가락처럼, 나무 들통 두 개를 매단 봉을 어깨에 들쳐 얹은 사내는 "똥-퍼-, 똥-퍼-", 단순하지만 구성지게 읊었다.

이른 아침부터 서두르지 않으면 줄서야 했던 그 화장실은 똥을 다달이 퍼내야 했다. 화장실을 관리하던 부인은 때 되면 그 '똥퍼아저씨'를 불렀고, 봉에 단단히 붙인 알철모를 솜씨 있게 다루는 똥퍼아저씨는 들통 가득 퍼담은 똥을 멀리 떨어진 똥웅덩이에 부렸다. 부인이 불렀을 때 탈없던 똥퍼아저씨의 심술보는 딸네 찾아온 할머니에게 터뜨리곤 했다. 똥을 들통에 가득 채우고 가는지 감시하는 바람에 눈속임이 어려웠던 게다. 심술난

똥퍼아저씨는 그때마다 들통을 손으로 들고 집 뒤 채마밭에 휙 뿌렸다.

당시 구불구불했던 논둑 한쪽에는 가물 때 쓸 물웅덩이가 있었고 밭 가장자리에는 거름용 똥웅덩이가 있었다. 개구리와 버들붕어가 가득했던 물웅덩이 주변은 왕잠자리와 메뚜기 잡던 꼬맹이들의 놀이터였지만 똥웅덩이 옆은 언제나 금기구역이었는데 간혹 금기구역이 넓어졌다. 다 삭은 똥이 우리가 놀던 채마밭에 부어졌던 것이다. 코를 움켜쥔 조무래기들은 과수원으로 연 날리려 뛰어 올랐고, 어머니들은 채마밭에서 생산된 채소로 반찬을 내주었다. 밥이 똥이 되고 똥이 밥이 되던 시절, 천지사방이 놀이터였던 조무래기들의 눈에 하늘은 언제나 파랬다.

당시 조무래기들이 결혼해 아이들을 낳고 그 아이들이 청소년으로 성장한 요즘, 하늘 가장자리는 언제나 누렇다. 돈 없으면 마땅히 놀 곳도 쉴 곳도 찾을 수 없는 요즘, 아파트 놀이터는 한산하기만 하다. 과외나 학원에 몰려 있기 때문이다. 대형 식품매장마다 가득한 채소들은 냉장 매대에 가지런하지만 누가 어떻게 생산했는지 알기 어렵다. 화장실에 냄새 하나 없지만 예고 없는 단수 이틀이면 집안은 비명이다. "마시는 물에 누가 똥 누면 너는 기분 좋으냐?" 어떤 시인은 묻는데, 양변기들이 다 그렇다.

마실 공기와 물이 의심스러운 가운데 농약 묻은 채소와 제조 과정을 알 수 없는 가공식품이 범람한다. 새집증후군과 아토피가 아이 어른 가릴 것 없이 가려움증 유발하는 이때, 똥퍼아저씨를 실직시킨 이 시대 양변기 아래로 소용돌이치며 사라진 똥은

다 어디로 간 것일까. 농경사회의 오랜 자원처럼 순환에 동참하고 있을까. 그런데 요즘 시민들은 똥의 순환과정을 거의 모른다. 아토피의 원인으로 추정되는 방향제를 화장실에 부착할 따름이다.

인천의 한 부두는 작은 유조선 같은 분뇨운반선이 대기하는 곳이다. 단독이나 공동주택의 정화조에서 청소차를 타고 하수종말처리장 옆에 높이 올라간 탱크에 한동안 대기하던 똥은 분뇨로 이름을 바꿔 다시 청소차를 타고와 운반선으로 옮겨진다. 수도권 2천만의 분뇨를 실은 운반선은 무거운 몸을 끌고 출항해 군산 앞 바다 250킬로미터 외곽 공해상에 당도하고, 꽁무니를 열며 지그재그로 움직이면 배 뒤 쪽의 바다는 일순 누런색으로 돌변한다. 어떤 이는 물고기에게 양분을 준단다. 어디에서 나타나는지 입을 쩍 벌린 물고기들이 몰려든단다. 그 물고기들은 어쩌면 우리 식탁에 올라올지 모른다.

좀 멀어졌긴 해도 순환은 순환인가. 도시인의 똥에는 파리가 달라붙지 않는다는데, 파리도 외면하는 똥을 먹는 물고기는 아토피와 상관없을까. 그런데 서해안의 작황은 예전 같지 않다. 물고기의 수량은 물론 종류도 줄어들었다고, 적조현상도 전에 없이 자주 발생한다고 어부들은 하소연한다. 런던협약이 무시되는 해양투기는 이렇듯 자원순환을 허투루 가장한다.

귀농을 희망하는 친구는 남해화학만 없애면 대한민국 똥은 모두 비료가 될 것으로 확신한다. 석유를 가공한 화학비료가 손쉽게 배포되면서 밥은 아무데서 먹어도 똥은 꼭 집에서 누었던 농경사회의 풍습을 잊고 만 것이리라. 유기농산물 농가에서 제집 똥을 비료로 일부 재활용하지만 미미하다. 원칙을 고수하는 농군은 수입곡물을 먹이는 축사에서 나온 축분은 유기농업과 관계없다고 잘라 말하지만, 사람 똥이든 가축 똥이든, 농약과 화학비료에 중독돼 쇠약해진 땅을 살리는데 널리 활용할 수 없을까. 질 좋은 유기질 비료로 개과천선시켜 일손이 없어 쩔쩔매는 농촌에 광범위하게 공급할 방법은 정녕 없는 것일까.

조셉 젠킨스는 자신의 『인분 핸드북』에서 "인분을 퇴비화하는 사람은 밤하늘의 별을 우러러 부끄럼이 없다!"며 그 가능성을 공개하고 있지만, 도시에서 배출되는 엄청난 분뇨는 그도 어찌하지 못할 것이다. 미국의 무역봉쇄로 졸지에 식량부족 사태에 몰린 쿠바가 인분을 활용하는 도시농업을 대대적으로 구사하여 지금은 식량자급에서 수출국가로 건강하게 변모하고 있다지만, 아스팔트와 시멘트로 뒤덮인 우리 도시에서 텃밭은 너무 좁다.

음식쓰레기를 퇴비화하는 시도가 없지 않다. 악취는 물론 눈으로 보기 민망할 정도로 썩은 음식도 지렁이가 먹으면 훌륭한 퇴비가 된다. 경기도 여주군은 그 사례를 멋지게 보여주었다. 하지만 도시에서 활용하기 어렵다. 냄새 때문이다. 톱밥과 미생물을 활용해 냄새를 줄이기도 하지만 처리 양이 한정되고 시간도 많이 걸린다. 완전 밀폐형도 있지만 설비투자비용이 많아서 그런지 널리 활용되지 못한다. 그런데 이런 방법들은 분뇨용이 아니다. 규모도 제한될 수밖에 없다. 바이오가스 활용은 어떨까. 독일은 음식쓰레기 바이오가스로 전기를 생산하고 찌꺼기를 비료로 활용한다. 악취를 진동하던 쓰레기도 메탄가스를 방출하고 나면 냄새 전혀 없는 질 좋은 유기질비료가 된다.

서울대학교 인류학과 전경식 교수는 가축분뇨 메탄가스로 농가주택이 취사에 이용하고 찌꺼기를 비료로 활용하는 연구사례가 1970년대 성공적이었다고 귀띔한다. 그렇다면 사람의 똥도, 가축의 똥처럼 가능하지 않을까. 연구에 따라 하수종말처리장 근처 탱크에 저장된 분뇨에서 바이오가스를 뽑아 지역난방도 하고, 찌꺼기를 유기질 퇴비로 대량생산해 농부들에게 실하게 공급할 수 있는 방법을 찾을 수 있지 않을까. 땅도 바다도 살리고, 건강한 먹을거리로 시민들의 몸도 살릴 수 있을 텐데.

우리나라 인분은 염기가 많아 분뇨 활용도가 낮다는 주장이 있지만 연구에 따라 활용 가능성을 얼마든지 찾을 수 있을 것인데, 우리의 가장 큰 문제는 연구투자에 매우 인색하다는 점이다. 대부분의 학자들은 석유자원이 세계적으로 고갈된다는데 동의한다. 40년이면 바닥이 드러날 것으로 예견한다. 40년 동안 흥청망청 소비하다 한순간 사라지는 게 아니다. 산유량을 줄이면서 값이 폭등하고, 석유자원을 놓고 빈국과 부국의 소득수준 차이는 걷잡을 수 없이 벌어지며, 부자와 가난한 자의 갈등은 더욱 심각해질 것을 예고한다. 그 현상은 10년도 남지 않았다고 주장한다. 미국산 원유 가격이 50달러를 넘어선 현재, 위기는 벌써 눈앞인지 모른다.

매장량이나 채굴가능 기간은 위기 앞에 큰 의미가 없다. 천연가스도 마찬가지다. 석유 값이 오르면 채굴량 느는 천연가스도

값이 급등할 게 뻔하기 때문이다. 석탄도 우라늄도 마찬가지다. 그런데 화석연료는 대기오염물질과 온실가스를 대량 배출한다. 우라늄은 자자손손 위협하는 핵폐기물을 남긴다. 재생 가능하지도 않다. 재생 가능한 나무나 수력은 요즘의 소비규모를 감당하기 어렵다. 무엇보다 에너지 소비를 줄이는 것이 중요하겠지만 대안 중의 하나는 순환에 바로 동참하는 똥이다. 내일을 위해 이제라도 연구하면 어떨까. 밥이 똥이 되고 똥이 밥이 되는 사회라면 환경도 생명도 두루 건강해지고, 환경에도, 후손에게도, 떳떳한 돈을 개발자는 많이 벌어들일 수 있을 텐데.

생태계에 이해당사자는 따로 없다

얼마 전 삼일절을 맞아 봄을 준비하는 바닷길을 모처럼 걸었다. 전북 부안군 계화도 주민들이 주축이 된 '바닷길 걷기' 행사에 참가한 것이다. 바닷길 걷기는 이번이 세 번째로, 매립 위기에 있는 새만금 간척사업 예정 해역을 방죽을 따라 걸으며 생태적 가치와 보전 당위성을 체험하는 기회였다. 주민과 환경단체 회원들로 구성된 일행은 2005년 2월 24일 군산시 내초도를 출발하여 3월 2일 밑동만 남은 해창산 앞 갯벌까지 7일 동안, 차가운 주먹밥과 4공구 방조제를 트라는 깃발을 들고 물집잡힌 발을 달래며 걸었고, 반나절만 맨손으로 동행한 내 다리는 미안스럽게도 다음날 결리고 말았다.

해창산 앞 갯벌은 5년 전 어린이날, 18세 미만의 청소년들이 모여 이른바 '미래세대 환경소송'을 선포한 곳이다. 첫 조상이 자리잡은 후, 수 천 년 이상, 우리에게 아름다운 경관과 먹을거리를 무한히 제공했던 갯벌, 수많은 어패류들의 오랜 산란장인 자궁, 육상에서 토해내는 온갖 유기물질을 자연정화하던 콩팥,

조류(藻類)의 탄소동화작용으로 막대한 산소를 공급해주던 허파로, 덕분에 누대의 삶과 문화와 전통을 누리고 보전할 수 있게 해주었던 터전이다. 따라서 후손에게 온전히 물려주어야 할 생명이건만, 눈앞의 개발이익을 눈이 먼 현세대는 광활한 새만금 일대의 갯벌과 바다를 위협하고 있다. 그래서 미래세대는 현세대를 향해 소송을 걸지 않을 수 없었을 것이다.

참담하게도 우리의 법감정은 아직도 구태를 벗지 못했다. 성인만이 소송 당사자가 될 수 있다는 철지난 조항에 얽매여 기득권의 손을 들어주었다. 법원은 생명과 전통과 문화와 역사를 몰수할 수 있는 법적 근거를 개발업자에게 제공했다. 그래서 그랬을까. 얼마 전 울산지법과 부산고법도 자연 권리를 대리하는 환경소송을 기각했다. 인간의 분별없는 개발행위로 멸종 위기에 몰린 꼬리치레도롱뇽이 집단으로 서식해 생태학자들의 눈을 휘둥그레 만들었던 천성산의 생명을 외면한 것이다. 도롱뇽을 지키자는 외침은 도롱뇽 생명만을 보전하자는 의미를 넘어서건만, 도롱뇽을 원고로 하는 소송을 제기하자 법원은 빛바랜 조항에 숨어 '국책사업'이라는 마패 앞에 모든 자연은 파괴되어야 한다는 명제를 개발세력에게 바쳤다.

설악산국립공원에 포함되지 않아 역설적으로 보전될 수 있었던 점봉산 원시림은 생태학자마다 학술적 가치를 되뇌는 곳이다. 그곳 계곡을 타고 동해안으로 빠져나가는 양양 남대천은 이 땅에서 거의 유일하게 연어가 무리지어 올라오는 장관을 가을이면 연출한다. 하지만 점봉산과 그 계곡은 개발세력에 의해 사형이 집행 중이다. 수요가 적은 밤에도 끌 수 없는 핵발전소의 심야전기를 활용하기 위한다는 명분으로 양수발전소를 건설하고 있는 까닭이다. 계곡을 400미터 간격으로 가로막는 거대한 댐을 두 군데 만들면 점봉산의 운명은 끝날 것이므로 '우이령 보전회'가 오래 전에 소송을 제기했는데 어떻게 되었을까. 짐작하겠지만 법원은 심리조차 외면했다. 당사자가 아니라는 어처구니없는 법리였다.

점봉산의 원시림과 계곡을 보전해야 하는 당사자는 도대체 누구일까. 국유림이면 국가이고, 사유림이면 지주인가. 몇 안 되는 심마니나 흩어져 사는 주민인가. 점봉산 일대에 서식하는 열목어나 어름치와 같은 천연기념물은 물론, 이름도 예쁜 새미의 생명은 누가 보호할 수 있을까. 개발과 발전으로 유권자들을 현혹하는 국가는 어차피 자본 편인데, 온갖 미사여구와 밑도 끝도 없는 국가발전론을 내세워 심마니나 지역주민들을 회유하고 윽박지르는 개발세력을 누가 제어할 수 있나. 보전 또는 파괴된 생태계로 인한 혜택이나 피해는 지역을 뛰어넘어 결국 후손을 포함한 시민사회로 파급되지 않는가. 학술과 교육적 가치는 지역에 한정되지 않는다. 당대에 머물지도 않는다. 결국 생태계를 보전하려는 시민들로 모인 환경단체가 담당할 수밖에 없다. 하지만 이해당사자라는 가당찮은 허위를 들어 법원은 소송을 거듭 기각한다. 덕분에 개발세력은 큰 이익을 챙기겠지만 후손은 위협받는다.

새만금 해안은 길기도 하다. 젊은이들이 오전과 오후로 7일 동

안 걸어야 했다. 광활한 논이 좌측으로 전개되는 계화도로 접어
드니 멀리 위도가 보인다. 작년과 재작년, '원전센터'로 분칠한
핵폐기장이 들어선다하여 부안군민들이 크게 궐기한 원인을 제
공했던 곳이고 1993년 페리호 침몰로 세간에 주목받은 섬으로,
멀지않은 과거, 개도 만 원 지폐를 물고 다닐 정도로 흥청거렸던
부촌이었다. 그런데 어이하여 핵폐기장 꾐에 흔들렸을까. 전북
부안에서 1914년 전남 영광군으로 바뀐 위도는 위도의 칠산 앞
바다에 조기가 사라지면서 부를 잃었다. 황해의 오염과 남획도
원인이었지만 산란장인 갯벌 매립과 핵발전소의 온배수로 인한
수온 상승도 무시할 수 없을 것이다. 1963년 영광군에서 부안으
로 복귀되자 영광 핵발전소로 인한 피해보상에서 제외되었지만
조기파시가 있어 참았다. 그런데 핵발전소의 온배수 여파로 어
종과 어획고가 줄어들었고 새만금 제방공사로 주변에 뻘이 침전
되자 관광 이외의 수입이 급감했다. 거리가 멀다며 어업권 보상
마저 제외된 위도 주민들에게 현금 5억 운운한 정부 관계자의 유
혹은 거절하기 어려웠을 것이다.

유사 이래 논보다 10배 이상 높은 칼로리를 제공해주던 갯벌
이 사라진 계화도에서 누가 농사를 지을까. 농민 대부분은 원주
민이 아니다. 섬진강 홍수 대비 명분으로 막은 섬진강 댐이 발생
시킨 이재민들이 1960년대 말 반강제로 정착해야 했다. 당시 계
화도는 30센티미터 길이에 달하는 농합이 잡히는 곳이었지만 유
신하면 생각나는 정권이 갯벌을 논으로 매립하면서 계화도 어민
들은 삶터를 빼앗기고 말았다. 섬진강 이재민들의 고생도 이만

저만이 아니었다. 소금기 머금은 매립지는 억척스러움에 비해 소출이 보잘것없었던 것이다. 33킬로미터에 달하는 새만금 방조제는 새 이재민을 양산한다. 바닷물이 왕래하지 않아 어장이 황폐화된 내초도 어민, 백합 잡아 생계를 이어왔던 계화도 주민들에 그치지 않는다. 큰 비로 불어난 동진강과 만경강의 탁류가 제방에 막히면 상류 농토는 침수될 수밖에 없다.

섬진강 댐은 거대한 옥정호를 만들었고 정읍 칠보면에 수력발전소를 세우자 옥정호 물이 동진강으로 흘러드는데, 이 물은 계화 간척지의 농업용수로 활용된다. 그런데 남해로 흐를 강물이 서해안으로 빠져나가면서 하천 생태계에 혼란이 발생했다. 동진강으로 들어간 섬진강 담수어류로 잡종이 발생했고, 댐으로 막힌 섬진강에 회유하던 물고기들이 자취를 감춘 것이다. 하지만 사는데 지장이 없다고 생각하는 사람들은 생태계 교란 따위에 관심을 두지 않았다. 농합이 사라져도 눈도 깜짝이지 않았다. 이제 새만금 제방으로 갯벌의 백합마저 사라지려 한다. 농토가 물에 잠기려 한다. 일찍이 경험할 수 없던 재앙이 서서히 고개를 드는 위기 순간이다.

2000년, 환경단체 '풀꽃세상을 위한 모임'은 제5회 풀꽃상을 하필이면 새만금 간척사업 대상 갯벌에 아직 살아 있는 백합에게 드렸다. 자연에 대한 존경심을 회복하고, 자연을 이용가치가 아닌 존재가치로 인식하며, 인간이 벌레 한 마리보다 나을 게 없다는 생각을 담아, 그런 가치를 깨닫게 해준 자연물에 상을 '주'는 게 아니라 '드리'는 환경운동을 하는 풀꽃세상을 위한 모임은 우리에게 근본적인 질문을 던진다. 생태계 없이 한시도 건강할 수 없는 존재가 바로 인간 아니던가. 미래세대 환경소송으로 가치가 일깨워진 새만금 갯벌, 그 중 동진강 하구는 현재 실뱀장어 잡이 준비에 한창이다. 4월이면 떼지어 상류로 올라가려는 실뱀장어를 기다리는 작은 배들이 쪽지그물을 손질하며 봄을 준비하고 있다. 하구언이 막히고 매립돼 사라지는 우리 서해안을 잊지 않고 찾아오는 실뱀장어, 새만금 간척 이후에도 만난 수 있을까.

일찍이 무위당 장일순 선생은 '나락 한 알 속의 우주'가 있다고 설파했다. 생태계에는 이해당사자가 따로 없다는 의미이기도 하다. 이번 바닷길 걷기는 갯벌의 아름다운 경관과 함께 생태계는 우리와 후손에게 건강하게 연결되어야 한다는 진리를 다시금 깨닫게 해주었다. 그렇다면 새만금 4공구 제방을 터야 한다. 생명은 순환되어야 건강하고 막히면 소멸하기 때문이다.

인간의 천적은 인간이다

숨을 크게 들이마셔 보자. 허파로 들어오는 무수한 탄소 알갱이 중 하나는 나폴레옹 몸에 있었던 것이라고 서양의 한 교과서는 생태계 순환 과정을 재미있게 설명한다. 어디 나폴레옹뿐이랴. 이 땅의 역사 속에 살다간 수많은 조상들의 몸속에 있던 탄소들 도 들어왔을 테지만, 바로 옆에 앉은 가족이나 직장동료, 한 강 의실에서 같은 과목 듣는 친구들의 몸에 있던 탄소 알갱이가 무 수히 들어왔을 것이다. 그 탄소, 오래 전 티라노사우르스의 발톱 이었는지 모른다.

이번엔 숨을 크게 내쉬어보자. 조금 전에 먹었던 자장면 속의 탄소 알갱이가 나가고, 내 근육과 혈액과 신경을 구성했던 탄소 알갱이도 빠져나간다. 내 몸에서 이렇게 나간 탄소는 대기를 맴 돌다 가로수 줄기가 될지, 다시 쌀 한 톨이 될지, 옆집 강아지의 털이 될지, 지구온난화를 가속하는 천덕꾸러기 이산화탄소로 남 을지 모를 일이다. 중요한 점은 지구의 탄소는 돌고 돈다는 것이 다. 언젠가 내 몸으로 다시 돌아오는 알갱이도 있을 것이다. 몸을 구성하는 물질은 6개월이면 대개 바뀐다. 6개월 전이나 지금이나 겉보기에 별 차이 없어도 뼈 일부를 제외한 신체 대부분의 구성 물질은 전과 사뭇 다르다. 현재 내 몸을 채우고 있는 물질은 얼마 전까지 다른 생명체의 몸을 구성했으리라.

모든 생명체는 순환해야 건강하다. 순환이 원활치 못하면 병에 걸리고, 멈추면 죽는다. 한 개체의 삶은 짧아도 개체들이 모인 종의 수명은 길다. 개체들이 많을수록 생물종의 수명은 대체로 길다. 38억 년 동안 살아온 지구의 생태계도 마찬가지다. 많은 생물종들은 생태계의 순환에 순응하며 산다. 수많은 생물종들이 어우러지는 생태계의 수명은 길지만 생물종이 단순한 생태계의 수명은 짧다. 사소한 산불에도 속수무책인 조림지와 달리 자연림은 웬만한 화재에도 비교적 잘 견디는 이유와 같을 것이다. 어디 생태계뿐이랴. 다양한 의견을 개진할 수 있는 사회는 독재정권보다 건강하지 않던가.

진화한 지 이제 100만 년, 태어난 지 고작 수십 년에 불과한 인간 개체는 순환에 잘 동참하지 않으며 개발을 통해 생태계를 단순화하는데 놀라운 능력을 갖는다. 자신의 질병을 용케도 찾아내고 재빨리 치료한다. 하지만, 65억의 인구를 바라보는 호모 사피엔스라는 생물종은 자신의 질병 원인을 파악조차 못하면서 종내의 문제를 발생시키고 스스로 갈등한다. 민족과 종교, 이데올로기 사이의 다툼이 끊이지 않고 가진 자와 못 가진 자 사이의 위화감으로 몸서리친다. 생물종 내, 생물종 사이의 다툼이 심각하게 예견되어도 상생하는 해법을 마련하지 못하면서 생태계를 마음대로 주무르려 든다.

인간에게 천적은 없을까. 거북과 같은 갑옷, 카멜레온과 같은 보호색, 하다못해 두꺼운 털가죽조차 없는 인간은 벌거벗었다. 영국의 저명한 동물학자 데스먼드 모리스는 인간을 '털 없는 원숭이'라고 표현한다. 과거 서울의 인왕산을 출몰하는 호랑이가 인간을 잡아먹었고, 상어를 등장시킨 여름밤 텔레비전의 심야 납량 특집극에서 인간의 나약한 모습을 보여주기도 하지만, 근본적으로 인간에게는 천적이 없다. 기생충이나 세균도 이젠 인간의 천적이 될 수 없다.

처음부터 인간에게 천적이 없었던 것은 아닐 것이다. 거대한 육식동물과 맞닥치면 일방적인 희생이 강요당했을 것이 틀림없다. 그러나 우수한 두뇌는 육체적 약점을 거뜬히 이겨냈다. 돌멩이를 던지거나 활과 총을 만들어 천적을 제압해나갔다. 동물을 죽여 껍질을 벗겨 입었으며 특정 식물을 골라 심었다. 특정 식물을 해치는 생물은 잡초 또는 해충이라 칭하며 박멸하려 했고, 길들이기와 품종개량을 넘어 최근에는 유전자 조작까지 감행하며 생태계에 혼란을 초래한다. 이런 과정은 산업문명의 진화에 힘입었다.

인간은 인간에게 대항하는 어떤 생물도 용서하지 않았다. 후천적으로 개발한 무기를 활용, 인간에게 대항하는 생물은 모조리 물리쳐 이젠 인간이 사는 공간에서 인간을 위협할 만한 동물은 거의 없다. 인간의 거주공간이 넓어짐에 따라 그만큼 인간의 천적이 될 가능성이 있는 동물의 생존공간은 위축될 수밖에 없

있고 어떤 동물은 절종하기에 이르렀다. 운 좋은 동물은 동물원의 보호철망 속에 존재할 뿐이다. 동물원의 동물조차 인간에게 주눅이 들어 야생의 모습은 거의 찾을 수 없는 지경에 이르렀다. 바이러스나 박테리아와 같은 미생물이 가끔 괴롭히지만 항생제와 백신으로 의기양양하게 퇴치하고 만다.

인간에게는 인간 자신만이 천적이다. 국가, 민족, 종교 사이의 분쟁이 그렇고 자신의 스트레스, 고혈압 따위의 질병(병원균에 의하지 않는 내적 원인에 의한)이 그렇다. 돌이킬 수 없게 자연환경을 파손하는 행위가 인간의 천적으로 부메랑처럼 등장했다. 자연에 없던 유기용매에 의한 아토피가 그렇다. 인간이 양산한 발암물질에 의한 각종 암이 그렇다. 점점 그 정도를 더하는 태풍과 이산화탄소 축적에 따르는 해수면 상승이 그렇다.

세균이나 기생충에 의한 질병은 의학의 발달로 거의 치유되는 듯 보인다. 에이즈라 하여도 시간이 흐르면 해결될 것이라 믿는다. 고혈압, 암, 당뇨병과 같은 내적 요인의 질병도 유전공학적 방법으로 해결하겠다고 큰소리친다. 이제 남은 문제는 인간에 의해 저질러진 환경이다. 우리나라에서 만든 플라스틱 유산균 음료수 병이 호주 해안에서 발견되고, 알루미늄 캔 마개를 먹이로 착각하고 긴 부리로 갯벌을 찌른 도요새는 주둥이를 벌리지 못해서 굶어 죽는다. 떠다니는 비닐과 스티로폼을 해파리로 착각한 물개는 헛배가 불러, 또는 식도가 막혀 죽는데, 오늘도 쏟아지는 쓰레기는 산으로 들로 바다로 버려진다. 생산되었거나 현재 생산중인 DDT, PCB, 플라스틱은 순환을 거부한 채 어딘가

멈춰 있고, 다이옥신, 이산화탄소, 유기용매의 배출은 그칠 줄 모른다. 재생이 불가능한 철광석, 석유, 우라늄은 고갈이 눈앞이고, 참치와 원목 소비는 적정규모를 벗어난지 오래다.

다른 생물종은 갈수록 위축되는데, 순환 불가능한 과학기술의 방패 뒤에 숨은 인간은 언제까지 버틸 수 있을까. 생태계에서 제대로 순환하지 못하는 물질은 결국 쓰레기다. 인간은 스스로 버린 난분해성 쓰레기에 비례하며 증가한다. 애완동물도 농작물도 유전자 조작 식품과 그로 인한 돌연변이 유전자도 급속히 증가한다. 생태계는 더욱 병목 순환이고, 인구는 폭발 직전이다. 이제 인간 스스로 생태계의 난분해성 쓰레기가 되고 말았다.

자연을 자신의 의지에 따라 함부로 재단하면서 이기적으로 진화하기 시작한 인간은 인간의 천적이면 그것이 무엇이던 척결해 나가겠지만, 환경문제의 해결은 지금까지의 해결방법과는 근본적으로 다르게 수행하지 않으면 안 된다. 이기적 태도를 버리지 않는 한 해결할 수가 없다. 나, 내 지역, 내 나라, 내 종족, 내 종교만, 잘 살면 풀릴 수 없다. 당 세대의 인간이라는 생물만 잘 살겠다는 사고를 버리지 않는 한, 문제는 풀릴 수 없다. 환경산업으로 돈을 벌겠다는 생각 역시 해결책이 아니다. 공존의 논리로 문제를 모두 해결해야 한다.

공론의 대상에는 과거와 미래가 포함되어야 한다. 제임스 러브록은 지구를 하나의 유기체인 '가이아'로 보았다. 순환이 원활치 않은 가이아는 현재 중병을 앓고 있다. 거대한 운석이 떨어져 혼란스럽자 쥐라기에 번성했던 공룡들을 일거에 멸종시킨 가이아는 인간에 의해 오염된 자신을 어떻게 치유하려 들까. 인간은 더는 교만하면 안 된다. 생태계에서 태어난 인간도 생태계의 일원일 때 가장 건강하다는 사실을 결코 잊어서는 안 된다. 가이아 표면에 모습을 드러낸지 얼마 되지 않는 인간도 생태계와 어우러지는 구성원일 때 가장 건강한 생태계의 일원이라는 사실을 잊으면 안 된다.

느리게 살고 싶은 도시인

어느 조용하고 아늑한 어촌 마을의 아침이었다. 햇볕이 따사롭게 내리쬐는 바닷가의 모래밭에서 한 고기잡이 노인이 평화롭게 단잠을 자고 있었다. 이 아름다운 마을에 휴양을 온 한 관광객이 바닷가를 거닐다가 이 노인이 잠자는 모습을 보게 되었다. 그 모습이 너무나 인상적이어서 이 젊은이는 사진을 찰칵, 찰칵 찍어댔다. 그런데 그 소리에 그만 이 고기잡이 노인이 잠을 깨고 말았다.

"그 뉘시오?"

"아이쿠, 죄송합니다. 지나가는 나그네이온데 할아버지 모습이 너무나 보기 좋아서 그만…, 죄송합니다."

"……"

"그런데 할아버지는 왜 고기를 잡으러 나가지 않으세요? 벌써 해가 저만치…"

"이미 새벽에 다녀왔구먼."

"아, 그러세요? … 그러면 또 한번 더 다녀오셔도 되겠네요?"

"그렇게 고기를 많이 잡아서 뭐하게?"

"… 참, 할아버지두. 그러면 저 낡은 거룻배를 새 걸로 바꾸실 수 있잖아요?"

"그래 가지고선?"

"그 다음에는 새 거룻배로 고기를 잡으시면 훨씬 빨리, 한결 많이…"

"음 … 그 다음에는?"

"그야 당연히 크고 좋은 배를 몇 척 더 사시고, 사람도 많이 부리고… 그러면 뭉칫돈 버는 것은 시간 문제 아니겠어요?"

"옳거니, 그래서는?"

"그 다음에야 … 이 마을에 생선 가공 공장도 세워, 싱싱한 통조림도…"

"흠 … 그리고 나서는?"

"그때는 별 일도 않고 가만히 누워 그저 편안히 지내실 수 있지요."

이 말에 고기잡이 노인은 대답했다.

"지금 내가 바로 그렇게 지내고 있네."

"……"

이상은 생태주의를 지향하는 고려대학교 경영학과 강수돌 교수의 책 『작은 풍요』에 소개된 하인리히 뵐의 〈느림 예찬〉 내용입니다.

속도에 치여 사는 회색도시의 삭막한 인생들의 꿈은 은퇴 후에 텃밭 가꾸는 한적한 전원생활로 모아집니다. 속도에 지친 직장인들 중 많은 사람들이 한가로운 귀농을 꿈꾸기도 합니다. 집 팔고 퇴직금 챙기면 지금도 갈 수 있을 거 같습니다만 아이들 교육이 발목잡고 내가 과연 농사지을 수 있을까 걱정도 됩니다. 하지만 도시에서 치열한 삶을 산 사람들 중 귀농에 성공한 이들은 경험이 없어 농사 못 짓는 것은 아니라고 한결같이 이야기합니다. 그보다 교육과 공동체 회복 문제를 가장 큰 걸림돌로 손꼽습니다.

아이엠에프 이후 직장에서 퇴출된 친구는 귀농을 굳게 다짐하고 가족들을 설득하던 중, 다니던 회사에서 내준 대리점 사장으로 변신하고 말았습니다. 귀농을 고민하던 실업자 생활 일 년 사이 초췌했던 얼굴은 언제 고민했던가, 활짝 펴졌습니다. "사랑하는 자식이 자네가 사랑하는 땅에서 농사짓겠다 말할 때, 그 기쁨에 주저앉아 흙을 거머잡고 감사의 눈물을 뿌릴 준비가 되어 있는가"를 물었더니 고개를 흔들던 그 친구는 결국 도시에 머물고 만 것입니다.

며칠 째 다리가 결립니다. 오를 때는 괜찮아졌지만 계단을 내려갈 때마다 근육이 아직 뭉쳤다는 신호를 보냅니다. 고작 3백 미터쯤 뛰었을까요. 안내방송이나 하지 말지. 막차 보내고 심야버스 탈 요량으로 느즈막까지 소주잔 기울이다가 넉넉한 마음으로 서울시청역 구내로 들어섰는데, 하필 "방금 들어오는 열차는 인천행 막차"라는 소리가 귀에 들어올 게 뭡니까. 몇 사람이 앞서 뛰기에 마지못해 뛰긴 했지만, 결국 코앞에서 놓치고 말았습니다. 얼큰한 몸을 연수구 행 시외버스에 싣고 에어컨 바람에 땀을 식히면서, 내일부터 좀 결리겠다 싶었는데, 사나흘이 지난 지금도 다리가 편하지 않습니다. 평소에 얼마나 운동을 하지 않았으면 이 모양일까요.

남들은 단축 마라톤으로 하체를 단련한다는데 도무지 시간이 없습니다. 시간이 없는 게 아니라 정성이 부족하다는 주위의 핀잔이 과히 틀리지 않는다는 걸 모르지 않습니다만, 사실 정기적인 시간을 낼 자신이 없습니다. 정기적으로, 또는 부정기적으로 회의가 불쑥불쑥 찾아오고, 회의 마치면 어김없이 한잔술이 이어지지 않던가요. 참석자들의 약속을 맞추지 못하면 조찬회의도 마다하지 않아야 하는 처지에 규칙적인 운동은 아무래도 사치가 아닐 수 없습니다. 더구나 어려서부터 공놀이 근처에 얼씬도 않았던 저는 운동에 통 소질이 없습니다. 시간과 소질이 없어도 편하게 즐길 만한 운동은 어디 없을까요.

10여 년 전, 30분 거리인 집에서 사무실까지 비가 오나 눈이 내리나 바람이 부나, 하루도 빼시 않고 걸었넌 시설이 있습니다. 그땐 몸이 참 가벼웠습니다. 2년 가까이 감기도 걸리지 않았지요. 오른 전세값에 맞춰 변두리로 밀려나 버스를 타고 다닐 적까지만 해도 걷는데 그런대로 익숙했는데, 고물차가 생기고부터 걷는 일이 드물어졌습니다. 일단 차에 길들여지자 고물차를 폐기한 다음에도 다른 차를 구하게 되고, 걷는 일은 더욱 멀어집니

느리게 살고 싶은 도시인　203

다. 만보기를 허리춤에 차고 한동안 일부러 걷기도 했지만, 출퇴
근에 차를 이용하는 한, 만보 채우기는 요원하기만 합니다.

자전거는 어떨까요. 재미도 있고 운동도 되므로 일석이조인
데, 좀 위험한 게 문제겠습니다. 안전한 자전거길이 마련되면 좋
으련만요. 자전거는 언덕이 많은 우리 도시에 어울리지 않는다
는 의견이 있습니다. 그래서 우리 도시의 자전거 도로는 엉망일
까요. 집에서 학교나 관공서, 시내의 상가나 사무실까지 안전하
게 연결되지 못합니다. 사실 자전거 타는 시민도 별로 눈에 띄지
않더군요. 자전거 타는 시민이 없어 자전거 도로가 엉망일까요.
아니면 자전거 도로가 엉망이므로 자전거 이용을 피할까요. 일
본의 도시에도 우리만큼 언덕이 많은데 자전거 도로도 완벽하고
자전거를 이용하는 시민도 많습니다. 땅값이나 임대료가 우리보
다 높아 직장에서 멀리 떨어져 살지만 자전거 도로가 지하철과
연계되어 있어 이용이 활발합니다. 자전거 역에 빼곡히 주차된
자전거는 그 도시의 건강을 말해주는 듯합니다. 차가 드물어진
만큼 공기가 맑아지고 자전거 타는 만큼 시민들의 몸과 마음도
건강할 것 같은데 말입니다.

아파트 단지로 몰려있는 우리네 주택가에서 지하철까지 안전
한 자전거 도로를 확보하고, 역사에 자전거 주차장을 충분히 확
보하는 것은 지하철 건설에 비하면 아주 적은 비용일 텐데, 지체
와 정체를 반복하는 간선도로를 더 확보하기보다 기존 도로에
자전거 전용 도로를 마련하는 편이 비용도 훨씬 적게 들 텐데,
자전거 이용인구가 늘어 자동차 운행이 줄고, 차도와 자전거 도

로 사이에 가로수를 더 심는다면 도시도 시민도 건강해질 텐데, 일본과 유럽의 도시들의 정책 방향이 다 그렇다는데 우리는 왜 안 될까요. 담당하는 행정부가 다르고 예산에 관한 경직된 제도가 가로막기 때문일까요.

회의 시간에 맞추려면 역시 지하철이 최선인데, 풀리지 않은 다리를 질질 끌고 동춘역 계단을 내려가려니 좀 한심한 느낌이 듭니다. 평소에 운동을 해야 하는데, 자전거 도로가 있었다면 참 좋았을 텐데, 독일은 자전거 끌고 지하철을 이용할 수 있다는데, 그래서 그들은 건강하다는데, 우리는 언제 자전거 타고 지하철을 탈 수 있을까요. 아니, 자전거를 역에 세우고 지하철을 탈 수 있을까요. 회색도시에서 느리게 산다는 게 이리 어려운 일이어야 하나요.

밥 먹고 사는 우리는 종종 반도체나 자동차 먹는 인생으로 착각합니다. 그래서 우리에게 밥 건네주는 농부와 어부들을 종종 무시하곤 합니다. 그러다 보니 귀농도, 공동체도 어렵습니다. 느리게 살고 싶은 우리는 여전히 눈코뜰새없이 바쁩니다. 바쁘다는 게 인사치레가 되고 만 세상입니다만, 이제 마음이라도 좀 차분해졌으면 합니다. 우리 역시 밥 먹고 사는 인생이라는 사실을 잊지 말고 우리에게 먹을거리를 보내주는 분들에게 감사하는 마음, 빚지고 사는 송구스런 자세가 도시인들의 덕목으로 자리잡았으면 합니다. 그래야 도시에서 여유를 찾을 수 있지 않을까 생각합니다. 어쩔 수 없이 바쁘다는 도시인들, 그들의 마음속에 느림을 예찬하는 여유라도 깃들었으면 좋겠습니다.

참여정부의 환경윤리

청년 시절 암울했던 군사독재 시절을 통탄하며 조국의 민주화를 향한 끓는 피를 억제하지 못했던 친구들이 어느덧 장년이 되고, 그 친구들의 자녀들이 청년기로 접어든 요사이, 나는 기억에 남는 선거를 치렀다. 안심하시라. 출마했다는 뜻은 아니다. 유신독재정권 시절의 통일주체국민회의 대의원 선거부터 2002년 말 대통령 선거 이전까지, 단 한 차례도 작심하고 찍은 후보가 당선되지 않았던 걸 자랑으로 여기며 살았는데, 드디어 난생 처음으로 사표가 되지 않았다는 희열을 강조할 뿐이다.

내걸었던 환경공약은 비록 시답지 않았지만 대화가 가능한 '참여정부'라고 믿었기에 마음이 끌렸던 정권이 "국민이 대통령입니다"라는 현수막 내걸고 그 앞에서 토론을 강조할 때 정말 뿌듯했다. 따라서 사회적 합의가 불투명한 가운데 막무가내로 진행되는 '새만금 간척사업'의 부당성을 지적하며 천리마처럼 내달리는 4공구 제방공사를 중단해달라는 시민단체의 의견을 개진하려 민정수석을 만날 때, 우리는 참여정부가 표방해온 논리

 녹색의 상상력

대 논리의 토론을 당연히 기대했다. 명색이 토론을 강조하는 참여정부인데, 몰랐다면 모를까 1억2천만 평이라는 거대한 토목공사를 합의 없이 진행하도록 놔두지는 않을 터, 개발을 하든 보전을 하든, 합의 하에 사업을 진행하려면 제방공사는 일단 중지해야 논리적이었기 때문이다. 제방이 뚫린 상태로도 개발은 계속할 수 있지만 제방이 막히면 보전은 불가능하지 않은가.

믿는 도끼는 이렇게 배신하는 거였던가! 종교계와 시민단체가 연대하여 모인 '새만금생명평화연대'의 일원으로 참여정부의 민정수석을 만난 자리에서 문재인 수석은 우리를 크게 실망시켰다. '토론'과 거리가 먼 언사를 시민단체 대표들 앞에 늘어놓은 것이다. 30일이 넘는 단식이 없었기 때문일까. 38일 동안 단식을 한 천성산의 지율 스님과 33일 동안 단식한 보길도의 강제윤 시인에게 터널공사와 댐 증축공사의 중단과 노선 재검토를 약속했던 참여정부의 민정수석이었건만, 무슨 조화인지 새만금을 세력관계로 풀어가려는 모습을 보였다.

4천만이 반대하는 목소리를 내줄 때 '역대 가장 힘없는 정권'인 참여정부가 시민의 의사를 등에 업고 공사 중단을 선언할 수 있다는 얼토당토하지 않는 주장을 펼치는 것이다. 30일이 넘는 단식이 진행될 때까지 사실 천성산과 보길도 문제에도 토론다운 토론이 없었지만 문재인 수석이 다녀간 후 토론이 진행될 계기를 마련했기에 우리는 비록 과거 정권이 정치적 야합으로 시작된 새만금 간척사업일지라도 민주적으로 투명한 사회적 합의의 계기를 마련할지 모른다는 일말의 기대를 하고 싶었던 것인데 여간 실망스러운 것이 아니었다.

　따지자면, 목숨을 내놓고 벌이는 단식은 사실 그리 어려운 일이 아닐지 모른다. 단식이 토론의 전제가 되는 참여정부라면 참어이없는 일이기에 참았던 것이고, 무엇보다 참여를 유난히 강조한 정권이기에 단식보다 합리적인 의사표시를 선호한 것인데, 배신감이 든다. 누차의 납득할 만한 여론조사에서 80퍼센트 이상의 전국 시민들이 한결같이 반대하고 있건만, 전북의 찬성 목소리가 크므로 공사 중단은 어렵다는 문 수석은 누구의 거친 목소리에 귀를 기울이고 있는 것일까. 개발세력인가. 아니면 개발로 치부하려는 기득권의 일방적인 여론몰이에 현혹된 전북의 일부 시민들인가. 혹시 전국 정당이 소망인 여당 내에서 영향력을 행사하는 전북권 국회의원들의 일방적인 목청은 아닌가. 전국 정당을 지향하는 정권이라면 전국 시민들의 의견에 주목해야 옳다. 언로를 찾아 정권 초기부터 행동하는 시민들의 의견에 귀를 기울여야 토론을 강조해온 참여정부답지 않은가.

　새만금 간척사업의 부당성을 알리려는 시민들의 행동은 참여정부가 공식 출범하기 전인 2003년 벽두부터 이어졌다. 1월 16일 아침 전북 부안군 계화도 간척지를 출발한 '부안사람들'은 서울대학교 환경동아리 '씨알'과 '새만금 유람단'을 함께 조직하고 1월 28일까지 서울 광화문까지 걸어온 것이다. 새만금 유람단 소식을 듣고 한걸음에 달려온 최병수 현장미술가는 우리나라에서 규모가 가장 큰 교보환경대상을 수상한 인물답게 새만금

갯벌의 주인공인 짱뚱이를 단숨에 조각해주었고, 새만금 유람단
은 모형 짱뚱이와 짱뚱이 영정을 앞세우며 참여정부 새벽녘부터
길을 나섰지만 새만금만 이야기하지 않았다. 역대 정부의 방조
아래 미 공군의 연이은 겁탈로 만신창이가 된 매향리 쿠니 사격
장에 들려 주변 갯벌에서 고단한 삶을 기대 살고 있는 주민들을
비롯한 뭇 생명의 찢겨진 영혼을 달래야 했다. 그들의 아픔이
새만금 갯벌의 고통과 맥을 같이하기 때문이었다. 정부의 어떤
관리도 책임지지 않고 있는 시화호에 들려 속임수로 점철된 개
발의 뒤꼍에서 고통을 강요받고 있는 주민들과 회한을 나누었
다. 용산 미군 사령부 담벼락에 다가가 생명평화를 염원하는 제
사상을 차려야 했다. 한겨울의 추위를 그렇게 13일 동안 뚫으며
서울로 올라온 새만금 유람단은 우리 경찰들의 눈물겨운 배려
로 미 대사관에서 보이지 않는 광화문 세종문화회관 뒤뜰로 떠
밀렸고, 기다리던 시민단체들의 환영행사를 조촐하게 받고 해
산했다.

경각에 달린 새만금에 대한 걱정으로 날밤을 지새우던 사람들
은 가만히 있을 수 없었다. 1월 22일 대학로 성공회대성당에서
열린 '범종교인기도회'에서 이례적인 속도로 강행하는 새만금
간척사업에 대한 대응을 모색하기 위한 생명평화회의를 개최하
자고 합의했고, 2월 7일, 강원도 원주에 자리잡은 토지문화회관
에서 '새만금 갯벌을 살리기 위한 원주 대화마당'을 열었다. 그
자리에서 최열 당시 환경운동연합 사무총장은 인사동에서 '생명
의 북'을 두드리며 새만금 간척사업의 부당성을 알리는 시민행

동을 제안했고, 풀꽃세상을 위한 모임과 녹색평론은 부산에서 대구에서 원주에서 서울에서 새만금으로 걷는 시민행동을 제안했다. 그 자리에서 현실적으로 새만금 간척사업을 막으려면 제방을 폭발시키는 행동으로 나가야 한다는 녹색평론 김종철 발행인의 뼈있는 발언이 있었으나 실효성 없다며 몇 참여자가 고개를 저었다. 하지만, 그 제안의 속 깊은 의미를 참가자들이 깊이 헤아리지 못해 지금도 아쉬움으로 남는다. 제방을 터뜨리지 못할 거라 지레 물러서는 심약한 마음과 행동이 과연 고래힘줄 같은 개발세력과 맞설 수 있는가. 아무튼, 환경운동연합의 주관으로 2월 17일, 생명의 북 행사가 시작되었다. 하지만, 불교 측에서 북을 두드리면서 시작한 인사동의 집회는 매스컴이 운집한 첫날에 반짝했을 뿐, 참여단체들의 열의가 줄어들면서 이후 흐지부지 사그러들었다.

새만금 간척사업을 반대하는 국회의원들과 만나는 조찬모임 자리도 시큰둥할 즈음, 충격적인 소식이 들렸다. 수경스님은 문규현 신부와 새만금에서 서울까지 삼보일배를 할 계획이라는 게 아닌가. '실현 불가능!' 하루도 어려울 텐데, 오십을 훌쩍 넘긴 나이에 300킬로미터가 넘는 먼 길을 어떻게 절하며 기어가겠다는 것인가. 절대로 불가능하다고 생각했다. 하지만 실무진이 구성되면서 그 계획이 점점 구체화되고 가시화되었다. 불교와 천주교만이 아니라 원불교와 개신교의 성직자들도 삼보일배로 앞장서고, 동참할 시민들은 뒤를 따르며 걷다 성직자들이 절할 때 고개를 숙이는 계획으로 확정되었다. 참여하는 시민들도 성의껏

삼보일배하자는 제안은 성직자들의 우려로 반려되었는데, 수도
권에 접어들면서 시민들에게 삼보일배가 허용되었다. 초여름 더
위가 무르익는 서울에 들어서면서 불교, 천주교, 원불교, 기독교
의 성직자들과 일반 신도들이 대거 참여했고, 길게 꼬리를 물고
이어지는 긴 삼보일배와 그 뒤를 이어 걸어가는 행렬은 새만금
간척사업을 반대하는 전국 시민들의 의지를 느끼게 하기에 충분
했다.

한 걸음에 내 속의 탐욕을, 한 걸음에 분노를, 한 걸음에 무지
를 반성하며, 뜨거운 태양 아래 달구어진 아스팔트 바닥에 양손
과 양발과 이마까지 닿도록 큰절을 하는 오체투지의 행렬은 단
순히 새만금을 반대하는 것이 아니다. 온 세상의 뭇 생명과 후손
의 생명가치들을 위한, 한 시인이 표현하듯, 자벌레 같은 참회의
행진이다. 3월 28일 해창산 앞 갯벌에서 시작한 삼보일배, 시작
할 때 무관심했던 언론들은 서울에 가까이 오면서 주목하기 시
작했고, 종교계는 물론 정관계 인사들이 줄을 이어 방문하면서
새만금 간척사업에 대한 문제점이 시민사회에 확실하게 부각되
었다.

신문들은 새만금 간척사업의 문제와 대안을 제시하는 의견에
지면을 열어주고, 텔레비전은 토론회를 연이어 개최하여 일반
시민들의 뇌리에 문제의식이 쌓이게 된 것이다. 그러자 농림부
와 농업기반공사는 위기의식을 느낀 모양이다. 수당이 들어 있
었던 것으로 의심받는 농업기반공사 봉투를 나누어가진 '새만금
추진협의회'(일명 새추협)라는 의혹의 단체가 느닷없이 나타나

더니 삼보일배 행진에 욕설을 퍼붓는 무례를 선보여, 보는 이의 눈을 찌푸리게 했던 것이다. 그런데 정작 무례한 측은 입만 열면 참여와 토론을 표방하는 현 정권이었다. 민주적인 토론을 거치는 대화와 타협으로 합의를 이끌어 내려는 자세는 전혀 보이지 않고, 삼보일배로 청와대에 들어간 성직자들을 외면한 가운데, 이른바 '새만금 신구상기획단'이라는 애매한 의미의 결사체를 새만금 개발을 주장하는 여당 국회의원에게 종용, 새만금 갯벌과 그 갯벌이 건강해야 건강할 후손의 생명이 질식하도록 기득권의 손을 들어준 것이다.

5월 31일 삼보일배를 65일 만에 마무리한 성직자의 뜻을 이어받은 시민단체는 조계사에 이은 청와대 앞에서 무기한 농성에 들어갔다. 하지만, 릴레이 단식에 이어 24시간 철야 농성에 들어간 지 한 달이 넘어도 정부와 참여정권은 '묵묵부답'으로 일관하고 말았다. 대신 청와대 앞 청운동 동사무소에는 집회와 시위를 반대하는 현수막을 농성장을 향해 걸어놓아 화답했을 따름이다. 그뿐이 아니다.

태풍과 해일을 대비하기 위해 충분한 폭으로 제방을 쌓아나가야 한다는 기본 상식도 무시하는 농업기반공사는 수백 대의 덤프트럭을 동원하는 가운데 밤샘공사를 강행하였고, 공사를 천천히 진행하라는 대통령의 지시를 반대로 해석하며 급기야 4공구 제방의 물막이 공사를 날림으로 마무리한 것이다. 그 소식을 들은 시민단체 활동가들이 삽과 곡괭이를 들고 현장에 들어가 하루 종일 폭 2미터의 물길을 다시 내는 행동에 들어갔지만 현지

경찰의 비호를 받은 술에 취한 새추협 사람들이 활동가들에게 폭력을 행사했고, 그 틈을 이용한 농업기반공사는 포클레인을 동원, 단 5분 만에 활동가들이 터놓은 물길을 막아버리고 말았다. 문규현 신부는 활동가들의 바보와 같은 행동을 예수님의 몸짓에 비유했다.

새추협의 극성에 버금가는 전북도지사의 삭발 시위는 그가 과거 환경부장관이었다는 사실에 실소를 금하지 못하게 한다. 또한 정작 당사자도 모르는 가운데 제출된 전북 공무원들의 집단 사직서 사건은 누구의 압박인지 삼척동자도 그 진실성의 진위를 의심하게 할 정도였다. 6월 20일부터 진행된 여성 성직자들의 '새만금 갯벌과 전북인을 위한 기도순례'가 장맛비가 억수 같은 가운데 이어지고, 방학을 맞은 대구 지역의 대학생들이 같은 시기에 새만금 '생명 파괴를 반대하는 자전거 행진'을 7월 초까지 결행했다.

물론 그때마다 입에 담지 못할 욕설과 행패를 무기로 삼는 새추협 사람들은 방해를 일삼고 길을 난폭하게 차단하기도 했다. 전북지역에 들어오지 못하도록 막겠다는 새추협의 위협에도 굴하지 않은 기도순례단과 자전거 행렬이 새만금을 향하는 가운데, 6월 28일 '해창산 위령제'가 삼보일배와 기도순례단을 함께해온 4대 종단과 시민단체들의 참여 속에 경건하게 열렸다. 변산반도국립공원 내에 위치했던 해창산은 새만금 제방용으로 부수어져 밑동만 남았지만, 온 세상의 생명과 새만금 갯벌을 살리기 위해 노력했던 새만금생명평화연대를 비롯한 여러 시민사회단

체와 성직자들은 그 희생자인 해창산 앞에서 사죄의 예를 갖추
지 않을 수 없었던 것이다.

　7월 5일에는 전북도청 앞에서 '희망의 갯벌, 새만금 갯벌을 살
리기 위한 문화제'가 열렸다. 새추협에서 어떻게 나올지, 새추협
을 은근히 비호하는 농업기반공사와 전라북도 당국이 어떻게 대
응할지 알 수 없지만, 비폭력운동으로 시민과 생명의 목소리를
전파해온 새만금생명평화연대는 새만금 갯벌을 살리려는 전북
을 비롯한 전국 시민들의 의지와 목소리를 담아내는 한마당 축
제를 기획한 것이다. 운동하다가 지친 활동가들은 '내 이익과 관
계없는데 외면하고 말까' 푸념하다가도 후손의 건강과 생태계의
안위를 생각하곤 생각을 고쳐먹는다. 앞으로 이와 같은 행사는
계속될 것이다. 4공구뿐 아니라 설사 새만금 제방이 1억2천만
평의 갯벌을 둘러막는 한이 있더라도, 우리가 생태계의 도움으
로 살아가는 생명인 한, 자식을 낳아 건강하게 기르려는 의지를
가지고 있는 한, 참여정권의 수구적인 의지가 개과천선하든 하
지 않든, 생명을 지키는 운동은 멈출 수 없다. 새만금이라는 화
두로 시작된 생명평화운동은 비로소 시작이기 때문이다.

녹색 미래의 대안 에너지

추분이 지나 아침저녁으로 제법 쌀쌀해진 10월 중순 어느 날, 귓가를 스치는 윙윙 소리는 깊어가는 가을밤에 잠 설치게 한다. 아파트와 중앙난방도 몰랐던 시절, 초겨울 새벽이면 들판에 하얗게 서릿발 내리고 한겨울이면 유리창에 성에 피던 시절, 모기장 하나로 한여름 윙윙대는 등쌀을 피할 수 있었는데, 여름이 겨울 같고 겨울이 여름 같은 요즘, 사람도 모기도 계절을 잊었다.

계절을 잊은 건 사람과 모기만이 아니다. 과일이나 채소도 그렇지만 의복과 주택도 계절을 잃은 지 오래되었다. 아직 쌀쌀한 3월 중순, 경상북도 성주 도로변 비닐하우스마다 노란 참외를 쌓아놓고 승용차 호객하는 풍경도 낯설지 않고, 5월 딸기는 웬설, 정월보다도 빠른 동짓달 딸기가 노점상 좌판을 석권하는 세상이다. 연탄난로를 딛고 비닐하우스에 석유와 가스보일러 가동한 이후 나타난 과열 현상이 아닐 수 없다. 한여름의 부츠는 멋을 위한 고진감래로 이해해 준다면, 한겨울에 반소매 입는 심리는 어떻게 해석해야 할까. 튀고 싶은 당돌한 개성이기 이전에, 아파트와 자동차와 지하철 사무실, 천지사방이 따뜻하기 때문이리라.

"돈을 입으십니까?" 만 원짜리 지폐를 온몸에 두른 모델을 내세웠던 밍크코트 광고가 생각난다. 한 벌 사 놓으면 대물려 입을 수 있다며 소비자를 유혹했던 자본은, 유행에 따라, 식구 수에 따라, 반코트, 롱코트, 잠바, 조끼에 모자까지, 색상과 디자인대로, 취향에 따라, 골고루 구입하라고 꾀어내는 모피코트 광고였다. 롱코트 한 벌에 밍크 시체 200 마리 이상의 등판이 매달려 있고, 조끼만 해도 다섯 마리의 은여우 시체가 꿰매어 있다는 자각은 IMF 고금리 시대를 그리워하는 명품족에는 전혀 약발이 없다. 요즘 웬만한 대학생들도 무스탕 외투를 즐겨 입는다. 귀티내는 어떤 학생은, 토스카나라면 모를까, 무겁고 뻑뻑한 무스탕은 한물갔다고도 귀띔한다. 아니, 춥지도 않은 이 나라의 겨울을 위해, 일 년도 채 자라지 않은 어린양의 가죽을 걸쳐야 몸뚱이가 따뜻해질 정도로 우리 대학생들은 허약하다는 말인가! 학생이 무슨 돈으로 그 비싼 외투를 구입하느냐 물었더니, 부모가 사주거나 카드할부로 해결했단다. 카드할부라. 12개월 또는 24개월 할부금도 학생 수준에서 적지 않게 부담스럽겠지만, 그를 안타깝게 만드는 일은 겨울이 춥지 않다는 점이리라.

인천광역시 옹진군 영흥도에 석탄화력발전소 건설이 한창이다. 원래 80만 킬로와트급 12기를 건설할 예정이었으나, 인천시민들과 환경단체의 강력한 반대운동으로 2기는 석탄을 연료로 하고, 필요할 경우 4기까지 LNG로 추가하는 것으로 인천시와 서류로 합의한 바 있다. 하지만 한국전력은 약속을 깨고 합의 없이 석탄화력 2기를 추가하고 있다. 입만 열만 환경을 내세우는 한국전력의 말처럼, 영흥도 석탄화력발전 설비에 다른 면이 있기는 하다. 대기오염의 주범인 황과 질소를 제거할 시설을 갖추고 있다는 점(하지만, 경우에 따라서 가동하지 않을 수도 있고 우리의 느슨한 배출 허용기준치를 벌써부터 초과하곤 한다.)이 그렇다. 편서풍은 영흥도 화력발전소를 스쳐 수도권 2천 만 시민의 호흡기 방향으로 불어올 텐데, 총 12기의 석탄화력이 당초 안대로 가동된다면? 대기오염을 예방하기 위해 수도권의 아파트와 공장과 목욕탕의 연료를 몽땅 LNG로 바꾼 효과는 물 건너갈 뿐 아니라 지금도 늘어나는 호흡기 환자가 폭발적으로 증가할 공산이 그만큼 높아지고 말 것이다. 한국전력 관계자는 석탄이 LNG에 비해 세 배나 싸다는 점을 장사꾼처럼 강조하지만, 그런 까닭에 세 배 이상 나빠질 시민들의 건강은 누가 어떻게 책임질 것인가.

우리나라의 발전소는 대개 인구 규모가 작은 지역에 집중 배치된다. 반대하는 시민은 '지역이기주의자'로 몰아 구속시키고, 찬성하는 주민은 지역발전 명목의 선물을 한아름 안기기에 편리하기 때문이다. 완공 후 생산된 다량의 전기를 멀리 떨어진 소비처로 송전해야 하는데 손실전력을 최소화하기 위해 거대한 고압 송전탑을 세워야 하고 그 과정에서 생태계가 파괴되며 치명적인 전자파가 쏟아진다. 하지만 관계없다. 독점인 이상 공권력과 돈으로 민원을 무마 협박하면서 발전소를 더 세우면 그만이다.

LNG 발전은 청정일까. 아니다. 먼지와 황산화물은 발생하지 않지만, 고온과 고압으로 LNG를 연소시키는 까닭에 석탄화력의 두 배 가까운 질소산화물이 배출되고, 온배수와 이산화탄소 배출은 여전하다. 핵발전은 이산화탄소 배출이 없어 청정이라고? 이 또한 터무니없다. 연료를 채굴·가공·운송·폐기하는 과정에 배출되는 이산화탄소의 양을 따져볼 때, 청정을 운운할 자격이 상실되며, 잊어서는 안 될 치명적인 문제는, 필연적으로 배출되는 지독한 방사성 핵폐기물을 자자손손 떠넘겨야 한다는 비윤리적인 측면이다.

그렇다면 어쩌란 말인가. 우리의 에너지 소비는 계절을 잊을 정도로 구조화되고 말았는데, 오들오들 떨며 지낼 수야 없는 노릇이 아닌가. 연탄과 장작도 드물어졌지만 초고층을 자랑하는 아파트에 구들장도 아궁이도 없고, 자동차와 냉난방과 항생제에 길들여진 현대인의 허우대는 에너지가 모자라면 한시도 버티기 어려울 만큼 허약해지지 않았나. 사람도 모기도, 집 안에만 있는개와 고양이도, 비닐하우스의 획일적인 농작물도, 공장식으로 밀집 사육하는 가축들도 어쩔 수 없기는 마찬가지이다. 중앙 집중 에너지 공급의 편의에 중독된 처지에서 대안 찾기 어렵다. 하지만, 현실에서 머물 수 없다. 곧 한계에 부딪힐 후손을 생각해야 한다.

독일을 비롯한 유럽 국가들은 '5050 계획'을 강력하게 추진하고 있다. 후손의 지속 가능한 삶을 위해, 향후 50년 내에 사용하는 에너지의 절반을 재생 가능한 에너지로 대체하겠다는 계획을 당차게 실천하고 있다. 그렇다면 우리도 준비해야 한다. 독일보다 부는 바람이 적지도 약하지도 않고, 상대적으로 햇볕이 풍부한 우리도 대안에너지 자원을 발굴해야 한다. 또한 에너지 효율을 높여야 한다. 일인당 사용 전력량이 우리보다 적은 독일과 프랑스는 에너지를 효율적으로 쓴다. 우리의 두 배에서 네 배 가까이 에너지 효율을 높인 일본도 재생 가능한 에너지원 발굴에 무진 애를 쓴다. 그런데 우리는 낭비구조조차 개선하지 못한다.

찬 서리가 내린다는 한로가 겨울 문턱을 두드릴 때, 여름 내내 닫아두었던 옷장을 열어보자. 어디, 이번 겨울은 충분히 견딜만한가. 시집올 때 아내가 가지고 온 외투는 20년 가까이 입지 않았다. 어느 겨울인가, 난롯가 의자에 걸었다 소매가 그을린 오리털파카도 몇 번 입지 않고 겨울을 넘기는 것 같다. 그러고 보니 내의도 없다. 내의를 입으면 답답하거나 사러 가기 귀찮기 때문이 아니다. 핑계를 대자면, 어디가나 훈훈하기 때문이다. 옷장 안을 보니, 시베리아 한랭전선이 각별한 심술을 한동안 부리지 않는다면 이번 겨울도 무난할 듯싶다. 그래도 내의 한 벌쯤은 미리 사두어도 좋겠지.

여름은 여름답게 겨울은 겨울답게 살아야 가장 자연스럽고, 자연스러운 삶이 가장 지속 가능하다. 폭력으로 평화가 이루어지지 않듯이, 추위는 에너지 과소비로 해결되지 않는다. 에어컨, 공기정화기, 정수기, 모피코트, 자동차, 중앙난방들에 길들어지면, 그것 없이 추위도 더위도 삶도 구속되고, 건강도 내 의시대로 지속 가능하지 못할 것이 틀림없다. 내 몸과 마음은 물론 이웃과 후손의 생태계가 두루 건강할 때 삶은 진정 따뜻해지는 게 아닐까. 영화 〈투모로우〉의 경고처럼 추위가 심각해지기 전에, 서둘러 재생 가능한 대안에너지로 건강한 내일을 대비해야 한다.

모유 먹이기 후진국인 까닭은

7월 19일은 '세계 모유의 날'이다. 때를 같이 하여, 아기에게 젖 물린 엄마 사진을 크게 실은 언론들은, 모유의 장점과 함께 80퍼 센트에 이르는 외국에 비해 10퍼센트에 불과한 우리나라가 '모 유 먹이기 후진국'이라는 점을 새삼 강조하고 나섰다. 하지만, 불과 한 세대 만에 90퍼센트가 넘던 모유 수유율이 이처럼 처참 하게 낮아진 이유는 전혀 분석하지 않았다. 이제 그 안타까운 사 연을 이야기해야겠다.

이야기에 앞서, 50여 년 전의 아프리카로 달려간다. 제국주의 총칼이 물러간 아프리카 나라들이 드디어 정치적 독립은 이루 었지만 경제는 자립할 수 없었을 때의 일면을 잠시 들여다보자. 제국주의 뒤를 이어 들어온 다국적기업이 강제노역을 시키지 않자, 싼 값의 노동력을 제공했던 여성들은 아이를 키우려고 농 장을 떠났다. 그러자 일손을 쉽게 구하지 못하는 다국적기업은 원주민 여성들에게 분유를 선물했다. 그게 바로 네슬레 분유였 는데, 과거 강제노역에 대한 반성이나 감사의 표현은 아니었다.

파란 눈을 반짝이는 포동포동한 백인 남자아기의 사진으로 장식된 분유통에는 영어가 잔뜩 써 있었지만 도대체 읽을 수 없고, 누구도 알아들을 수 있게 설명해주지 않았다. 다만, 풍문을 종합해보니, 아이에게 그 분유를 물에 타주면 백인처럼 자랄 것으로 막연히 기대하게 되었다. 백인이라, 그들은 많은 돈과 권력을 쥔 나리님의 인종이 아닌가. 내 아이가 그렇게 된다? "이건 기회다!" 믿은 순수한 아프리카 여성들은 분유통을 닦지도 삶지도 않은 채 오염된 물에 분유를 잔뜩 타주기 시작했다. 많이 먹이면 더 좋은 걸로 생각했다. 모유로부터 아이들을 떼어놓으려는 다국적기업의 흉계라는 건 나중에 깨달았다.

그러자 설사로 이질로 전염병으로 아기들이 죽어가기 시작했다. 젖먹이가 죽더니 등에 업은 아기가 죽고, 아장아장 걷던 아기가 죽었다. 왼손을 잡고 걷던 아이와 오른손에 매달리던 아이마저 차례로 죽고 말았다. 설사와 같은 수인성질병 때문이었다. 하지만 아이가 죽은 이유를 알 수 없던 여인들이 슬픔에 잠겼다. 돈이 없어 서양인들이 가지고 다니는 하얀색 명약을 먹이지 못해 아이가 죽은 줄로 믿고 흐느껴 우는데, 흐느끼던 아프리카 여성들 앞에 거룩한 표정을 담고 나타난 사람이 있었으니 그는 다국적기업의 백인, 또는 그들의 사주를 받은 신부들이었다.

"자네 왜 우는가!" "네, 아이들이 죽어서요." "아이들은 왜 죽었기에?" "네, 약을 먹이지 못해서요." "약은 왜 먹이지 못했는고?" "네, 돈이 없어서요, 흑흑흑." "저런! 저 농장에서 일하지 않겠나? 달러를 받을 수 있도록 주선해봄세!" 키우던 아이들이 모두 죽어, 양손과 몸이 자유로워진 여성들은 백인의 은혜와 친절에 감격해 헐값에 혹사당했다는 슬픈 이야기다. 당시 진보적인 서양 언론들은 이와 같은 다국적기업의 태도를 비난하고, 동원된 네슬레 분유에 '유아 살상제'라는 고약한 별명을 붙였다.

우리도 마찬가지다. 다국적기업이 아닌 군사독재정권은 분유 회사에서 지원하는 '우량아 선발대회'를 근사하게 거푸 개최했다. 분유를 타먹어야 자식들이 건강하고 똑똑하게 자라는 것처럼 선전해대기 시작했다. 목에 금메달을 건 덩치 큰 아이가 저울에 앉아 활짝 웃고 있는 사진을 당시 여성잡지마다 빠짐없이 소개했는데, 이제 와 생각하니, 상등품 딱지붙은 가축을 광고하는 축산잡지의 광고사진과 맥락이 다르지 않다. 모유 먹지 못하고 자란 초창기 아이들, 지금 건강하게 잘 살고 있을까. 그러길 바란다. 우량아 선발대회는 농촌과 가정에 남아 있는 여성 노동력을 유인하기 위한 자본의 속임수였다. 외국 자본을 빌려 잔뜩 지은 공장에 헐값으로 일할 여성 노동자가 필요했던 것이다.

과거 똑같은 과정을 겪었던 서구유럽과 일본이지만, 지금은 대다수 엄마들이 모유를 먹이고 있다. 공중보건당국과 의사, 그리고 여성들의 반성이 뒤따랐고 분유광고 금지와 더불어 모유 먹이자는 캠페인이 사회의식을 바꾸었던 것인데, 우리나라는 어떤가. 어찌하여 세계 최하위 수준의 모유 수유율을 아직도 개선하지 못하고 있는 것일까. 우리나라도 분유광고를 금지한지 오래되었는데, 우리가 생산하는 조제분유의 품질이 모유보다 유난히 뛰어나기 때문일까. 안타깝게도 그렇지 못한 듯하다. 돈 있는 산모는 외제 분유를 재놓고 먹인다 하므로.

산부인과에서 막 태어난 우리나라의 아이는 조제분유부터 맛본다. 모유가 아니다. 기진맥진한 산모는 아이에게 물려 줄 정도의 젖이 바로 돌지 않는다. 출산직전 맞은 항생제 주사 때문에 방금 태어난 아이에게 바로 젖을 물리기가 좀 께름칙하기도 하다. 산도를 넓힌다며 회음부를 절개했기 때문이다. 회복실에서 하루 이틀 보내며 젖이 본격적으로 돌 무렵, 엄마는 내 아이에게 젖 물릴 것을 고대하며 자꾸 불다가 딱딱해지는 가슴을 주무르지만, 기다린 보람도 없다. 아이는 이미 달짝지근한 조제분유 맛에 길들여져 있기 때문이다. 며칠 후 드디어 엄마 품으로 간 아이는 맛이 밋밋하고 잘 빠져나오지 않는 모유를 거부하고 앙앙 운다. 그러니 아이 엄마는 눈물을 머금고 병원에서 제공하는 분유를 먹일 수밖에. 엄마 젖을 먹이고 싶은 산모의 소박한 생각이 원천봉쇄되는 순간이다.

우리나라의 산부인과는 조제분유회사의 로비 하에 있다 해도 과언이 아니다. 산모가 산부인과를 선택하는 즉시 특정 조제분유회사의 고객으로 예약되는 것이다. 모유를 먹이려는 의지로 엄마 젖을 막무가내로 물리는 엄마, 먹성이 좋아 맛없는 엄마 젖도 마다하지 않은 아이를 낳은 행운의 산모가 겨우 10퍼센트에 불과하고, 몸매관리를 위해 모유주기를 고의로 마다하는 일부를 제외한 나머지 엄마들은 어쩔 수 없이 조제분유를 먹이는 딱한 사정이 되고 마는 것이다. 아이를 안고 퇴원수속을 밟을 때 병원은 마치 서비스라도 하는 양 특정 회사의 분유가 들어간 선물세

트를 내어준다. 집에 돌아간 산모는 말라가는 가슴을 안타깝게 바라보며 그 조제분유를 계속 사 먹일 수밖에 없다. 조제분유 광고가 없어졌다 해도 우리나라의 분유 판매량이 변동하지 않는 이유가 거기에 있다.

출산 후 2, 3일부터 약 한달 간 지속되는 모유에는 아이에게 필수적인 영양분과 각종 면역성분이 들어 있다. 하지만 엄마 젖을 거부하고 얼굴이 새빨개질 정도로 아이가 우니 엄마는 당황할 수밖에 없다. 모유를 먹이려면 엄마는 좀 대범해질 필요가 있다. 울더라도 모유를 마냥 물려야 한다. 한참을 울다 배고프면 엄마 가슴이 홀쭉해질 정도로 모유를 빨 것이고, 이후 아이도 엄마도 건강해질 것이기 때문이다. 아이는 며칠간 굶어도 될 정도의 영양분을 가지고 나온다. 열심히 울면 호흡도 활발해지고, 울다 목청이 튀면 나중에 인기 헤비메탈 가수가 될지 누가 알랴.

최근 수입 유기농산물이 들어간 이유식 광고가 명품 운운하며 극성을 부린다. 위화감을 조장하는 듯 광고하는 그 이유식을 먹여야 아이가 똑똑해질 것처럼 세뇌한다. 차면 넘치는 법이라 했던가. 보건복지부는 우리나라의 모유 먹이는 비율을 80퍼센트로 끌어올리겠다고 한다. 그나마 다행이 아닐 수 없지만 정부의 자발성은 아니다. 여성단체를 중심으로 하여 펼친 집요한 문제제기가 그만큼 강력했기 때문이다. 이제 엄마들 차례다. 이윤을 추구하는 기업의 광고에 속지 말고 엄마의 심장소리를 느끼게 하는 모유로 아이를 건강하게 키웠으면 한다. 아이와 엄마는 물론, 우리 사회도 건강할 수 있으므로.

한계 보이는 개발의 허구성

얼마 전, 중국 삼협댐에 가 볼 기회가 있었다. 세계 최대라는 수사에 걸맞은 천문학적 공사비와 세상에 알려진 규모는 그렇다 치자. 5성급 유람선으로 열흘 이상 이어지는 관광코스는 벌써부터 외국인들로 북적이고 1800만 킬로와트급 수력발전은 진작부터 가동되고 있었다. 4년 뒤면 3단계 마지막 공사를 마무리할 예정이라는 삼협댐, 상류 주택들은 해발 175미터보다 높게 단장해 놓았고 계곡을 사이로 높은 현수교들이 삼협의 아름다움을 드문드문 연결하고 있었다.

삼협댐 건설을 담당하는 회사에서 파견한 홍보과 직원의 자부심 넘치는 설명을 뒤로 3시간여 동안 갑문을 네 번 지나며 유람선은 상류로 올라섰고, 깊고 웅장한 협곡을 광대하게 흐르는 황토색 물결을 거스르며 잠시 엉뚱한 생각에 잠겼다. 만일, 저 삼협댐이 무너진다면? 부정부패로 얼룩졌다는 소문 때문이 아니다. 철근 시멘트 콘크리트의 수명을 따지니 그렇다는 것이다. 장강이 싣고 오는 막대한 토사가 150미터 이상 불어날 물줄기와 함께 수명이 다 된 댐의 일부라도 밀어낸다면? 방정을 넘어 벼락 맞을 소리일지 모르지만, 콘크리트의 수명은 장강의 역사와 문화에 비해 터무니없이 짧다.

지구의 물 중 사람이 마실 수 있는 지표수는 그리 많지 않다. 물이 부족해 전쟁이 일어날 위험성이 세계에서 여덟 번째로 높다는 우리나라는 폐공 처리가 부실해 지하수 오염이 심각하다. 다도해국립공원에 속하는 보길도는 고산 윤선도의 자취를 팔아 수입을 올리지만 자칫 문화자산을 수몰시킬 뻔했다. 보길도보다 인구가 월등히 많은 이웃 노화도에서 보길도의 상수용 댐을 세 배 이상 증축시켜달라고 민원을 띄웠고, 표를 의식하는 정부가 화답했기 때문이다. 고향을 지키려는 한 시인이 33일을 단식하지 않았다면 윤선도 자취는 수몰되었을 것이다.

마실 물이 없는데 댐을 만들지 않으면 안 돼! 토목전문가들은 그렇게 말한다. 댐 없으면 물을 마시지 못하나. 그렇다면 우리 조상은 목말라 죽었나. 인구가 집중되고 지표수가 오염되고 물 사용량이 전과 같지 않은 요즘, 댐은 필연이라고 주장하는데, 반드시 댐이어야 할까. 지하수를 더 깊게 뚫자는 뜻이 아니다. 더 깊은 지하수, 더 큰 댐이 아닌 대안도 있다. 보길도의 상수댐 검토위원회에서 만난 상수도 전공자는 여러가지 가능성을 제시한다. 과도하게 끌어올리다 그만 바닷물이 침투해 못쓰게 된 지하수를 담수화하는 방안과 더불어, 개선된 빗물 재활용을 제안한다. 하지만 노화도 사람들은 누구 말에 세뇌되었는지 남의 섬에 강제로라도 댐을 높이자며 고집했다.

　녹색의 상상력

보길도를 찾는 관광객이 주로 머무는 노화도는 물 사용량이 많다. 물이 부족해 관광객이 외면하지 않길 바라지만, 윤선도 흔적이 잠겨도 관광객은 줄어들 것이다. 농촌도 개발되면서 도시 이상 물을 사용하리라 예상하지만 치장과 유행에 민감하지 않은 농촌에서 그런 예는 아직까지 없었다. 누수만 잡아도 댐 증축이 불필요하다고 한 전문가가 계산했어도 요지부동이던 측이 왠지 조용해졌다. 댐보다 공사비가 큰 관로공사를 재개하기로 결정했기 때문이다. 보길도의 댐은 과연 상수용인가, 아니면 업자용인가.

금호강이 타들어가도 수로를 변경하지 않는 영천댐이 있는 한, 포항제철은 신일본제철처럼 수돗물을 재활용하지 않을 것이다. 그런데 우리나라에 포항제철처럼 큰 제철소가 필요할까. 세계 조선업계를 평정한 국가이므로, 미국의 슈퍼 301조를 극복한 수출용이므로, 수만의 종업원은 물론 관련 산업까지 합해 수백만 가구 이상의 시민들을 먹여살리는 국가기간산업이므로, 당연히 가동되어야 할까. 고철을 수입해와 전기와 석유를 펑펑 쓰며 철강을 만들면 전 세계의 자동차와 선박이 움직인다지만, 점점 늘어나는 자동차와 선박은 오대양 육대주를 꼭 누벼야 하나.

유가가 100달러를 돌파할 것이라는 예고는 석유 채취에 들어가는 에너지까지 늘어나는 에너지 위기 시대를 점친다. 독도에 아열대 어류가 자리잡은 가운데 지구온난화는 한반도에서 그 정도가 심하다는데, 도시에서 태어나는 아기의 80퍼센트 정도에서 아토피 증세가 나타난다. 선박과 자동차가 온갖 물건들을 싣고 오대양 육대주를 누빈 결과다. 인구증가 평계로 대량생산한 다국적기업의 농산물이 농약에 찌들어 남의 나라 식탁에 올라오고, 살충제와 제초제가 세계 곳곳의 땅을 죽인다. 미생물이 사라져 산성화된 표토는 빗물에 휩쓸려 강물을 오염시키고, 공장에 부지를 내준 강은 직선화되어 온갖 쓰레기를 어패류의 산란장에 내려놓는다. 경쟁을 위해 양식장과 목장과 농장은 항생제 흥건한 식품을 식품매장에 나몰라라 넘기는데 아토피를 막을 수 있나.

생각이 천박한 어떤 사람의 기대와는 달리 석유는 심해의 메탄으로 대신할 수 없다. 채굴 에너지가 더 많다. 핵? 핵은 현 수준으로 소비해도 60년을 버티지 못한다. 고속증식로로 플루토늄을 재활용하는 안은 워낙 위험해 선행 국가들마다 속속 포기하고 있다. 핵폐기물에 의한 치명적인 오염과 핵에너지 수명연장을 과학기술로 해결할 수 있다? 핵융합이 실용화된다면? 현 과학은 내일의 과학이 볼 때 허술하다. 과거에 찬란했다던 과학처럼. 눈높이가 높아진 소비풍조는 전기만 과소비하지 않으려 할 텐데, 이미 미국인 평균처럼 살려면 여섯 개가 더 필요한 지구는 더는 버틸 수 없다.

삼협댐 완공으로 수운이 길어지면 물류비 절약은 물론 관광수입도 늘어날 것이다. 장강의 물을 지하수로로 북경에 공급하면 수천 년 갈증이 해결되고 공장은 더욱 확산될 것이다. 양자강 범람이 국지성호우로 연결되는 우리나라는 괜찮을까. 철갑상어를 비롯하여 100종이 넘는 어류는 장강을 오갈 수 있을까. 중국 당국은 그런 하찮은데 신경쓰지 않았을 것이다. 삼협댐이 무너지면? 앞으로 적어도 백 년 이후의 상상일 테지만, 그 피해는 걷잡을 수 없을 것이다. 비용만이 아니다. 감당할 수 없는 재앙과 패닉 현상은 중국은 물론 삽시간에 세계로 퍼질 것이다. 1995년 고베 지진이 세계 자본 시장에 충격 주었듯이.

물 문제는 댐으로 해결할 수 없다. 적어도 공급자 편의로 대책을 세울 수 없다. 무너지면 더 짓고 고장나면 고치며 해결하는 것도 정도와 경우가 있다. 댐이라는 편익에 익숙해진 이후 댐이 사라지면, 댐에 길든 사회는 걷잡기 어렵다. 전기도 마찬가지다. 모자라면 발전소 더 짓는 식으로 공급하면 머지않아 아토피가 걷잡을 수 없이 심화될 것이다. 아토피를 약으로 치료할 수 있을까. 잠시 가능한 듯 보이겠지만 원인이 남아 있는한 불가능할 것이다. 아토피보다 악화된 질병이 만연될 공산이 오히려 크다. 원인이 제거되지 않았는데 생명공학으로 불치병과 난치병을 치료할 수 없다. 땅이 오염되었는데 유전자 조작 농산물로 인구와 기아문제를 해결할 수 없다. 돈이 매개하므로 식량이 남아돌아도 배고픈 것이다. 쇠고기의 절반을 먹어치우는 미국에도 3천만 이상의 인구가 굶주리고 있다.

입냄새가 심한 까닭이 간 때문이라면 가그린으로 코 큰 바이어를 오래 속일 수 없다. 의사는 근본적으로 간을 치료하자고 권유할 것이다. 그런데, 간은 왜 병에 걸렸을까. 술 때문이라면 술을 끊거나 줄여야 한다. 술은 왜 마시나. 연이은 바이어 상담과 접대와 그로 인한 스트레스 때문이라면 일을 줄이거나 업종을

바꿔야 한다. 술 권하는 사회를 바꾸는 시민운동도 좋겠다. 그래
야 근본적이다. 전기와 석유를 지금보다 적게 소비하면서 즐거
울 수 있다면 위기상황은 쉽게 극복할 수 있다. 물도 마찬가지
다. 의식주도 교육도 의료도 심지어 밥 소비도 줄일 수 있다. 속
삭이는 광고에 속아 더 큰 공급 체계를 받아들인다면 문제를 잠
시 잊을 수 있지만 더욱 큰 고통을 내일로 떠넘기게 된다.

　식량증산곡선이 내려가고, 어획고가 줄어드는 현상을 비롯하
여, 여러 가지 징후들이 개발의 한계를 시방, 사방에서 드러내고
있다. 우리는 폐쇄된 지구 생태계 안에 살고 있다. 1만 년 전 경
작을 시작해 자신의 환경을 교란시킨 인간은 진화 이후 대부분
의 시간을 자연과 합일했다. 500년 전 화석연료를 채굴하면서
교란시킨 환경은 자연에 없던 핵과 플라스틱이 나오면서 치명적
으로 오염되었다. 이제 남은 자원은 후손의 생명이다. 애드벌룬
이 그럴싸한 생명공학은 어떤 내일을 구상할까. 지금도 숱한 부
메랑들이 획획 거리며 감당할 수 없이 다가오는데, 개발 이외의
대안을 찾아야 한다. 과거보다 터무니없이 짧은 내일을 물려줄
수는 없다.

아름다운 죽음으로 인도하는 행복한 삶

산 사나이는 산에서 죽는다고 입만 열면 말한다. 히말라야의 고산준령을 오르고 싶은 산악인마다 되뇌는 이 말은 끝까지 최선을 다 하겠다는 의지의 표현일 수 있겠다. 현생의 모든 것을 잃어버리는 죽음, 무척 두려운 마지막 체험이겠지만, 한 톨의 씨가 터져 예쁜 꽃이 피고 그 꽃이 져야 씨앗이 달리듯, 달리 생각하면 참 아름다운 순환과정이다. 그래서 사람들은 자신이 좋아하는 일에 몰두하다 자는 듯 죽고 싶은 모양이다. 〈드라이빙 미스 데이지〉란 영화는 양지바른 현관에 앉아 콩 껍질을 까다 자는 듯 죽는 늙은 가정부의 모습을 차분하고 따뜻한 영상으로 담는다. 동서를 막론하고 자신의 일에 최선을 다하다 조용히 죽는 모습을 아름답게 보는 모양이다.

의료 수준이 거듭 발달하고 개인위생이 전에 없이 청결해진 요즘, 우리나라의 영아 사망률은 대부분의 서구 국가들과 대등해졌고 평균수명도 최고 수준으로 늘어나고 있다. 여성의 평균수명이 80세를 벌써 돌파했다. 살 수 있겠다는 기쁜 마음에 동네 사람 모셔다가 떠들썩하던 잔칫상 차렸던 과거와 달리 요즘의 백일과 돌잔치는 떨어져 살던 친지들이 핑계 삼아 만나는 자리다. 재워 놓은 아이의 반지는 대충 던져 놓곤 서로 술 권하기 바쁘지 않은가. 육순과 환갑잔치 역시 예전과 다르다. 칠순이라면 몰라도 환갑은 쑥스러워 그냥 넘어가거나 부부동반 해외 실버여행이 이미 대세가 되었다고 여행사 직원들은 귀띔한다.

평균수명이 늘어나는 만큼 청장년층의 기대수명도 늘었지만, 건강수명은 오히려 감소하고 있다. 1989년에서 1999년까지 전국에서 만 2천 가구에서 3만 9천 명을 대상으로 국민 건강 조사를 실시한 결과, 지난 26년 동안 평균수명은 26년 이상 늘어났지만 건강수명은 64세 정도에 지나지 않는다고 보건복지부가 2000년 발표한 것이다. 이는 흡연, 과다체중, 운동과 수면부족, 스트레스 만성피로들의 원인으로 한국인들은 평균 10년 이상 약과 병원에 의지해 말년에 고단한 인생을 보내야 한다는 뜻이다.

노년층만이 아니다. 실제로 많은 사람들이 약에 의지하고 살아가고 있다. 나이 먹은 사람은 말할 것도 없고 젊은 사람조차 소화제, 비타민제, 진통제, 혈압강하제, 당뇨병제들을 습관적으로 복용한다. 수중에 약이 없으면 불안해 하곤 나약한 현대의 군상이 낯설지 않게 되었다. 의학 발달로 평균수명은 늘어도 시민들의 건강은 오히려 약해져 버린 결과가 빚어진 것이다.

사람은 언제까지 생존할 수 있을까. 전문가들은 120세가 최대수명이라고 진단하는데, 미국 노화 연구소의 한 연구원은 소식과 금욕을 꾸준히 실천할 경우, 자연 수명을 40퍼센트를 연장시켜 170세까지도 살 수 있다고 주장한다. 음식물 섭취량을 줄이면 삶의 진행 과정을 늦출 수 있고, 금욕으로 신체의 번식 전략을 생존 전략으로 전환시키면 장수한다는 것이다. 이는 모든 생물은 평생 먹는 음식의 양이나 들이쉬는 공기의 양, 즉 신체가 갖는 대사량은 일정한데 언제 그 양을 소모하느냐에 따라 수명의 장단이 좌우된다는 의미로 해석된다. 하루에 제 몸무게의 절반 이상의 꿀을 먹고 1분 심장 박동이 수백 회나 되는 벌새의 수명이 황새보다 짧고 화려한 꽃과 향기로 벌과 나비를 유혹하는 벗나무나 아카시보다 아무도 모르게 꽃이 폈다 지는 은행이나 느티나무의 수명이 긴 이유의 설명이기도 하다.

어떤 사람도 병약한 상태로 제 수명이 연장되기를 바라지 않을 것이다. 건강한 상태로 살다 가길 원할 텐데, 사람은 몇 살까지 최대로 건강하게 살 수 있을까. 사람에 따라 다를 것인데, 사람 수명을 획기적으로 연장시키는 현대판 불로초, DHEA라는 물질이 과학기술에 의해 합성되어 미국을 중심으로 날개 돋친 듯 팔려나간다고 한다. 중남미의 야생 고구마 같은 식물 뿌리에서 추출·가공하는 스테로이드계의 호르몬 전구물실이라는 DHEA를 먹으면 60세 이후의 고령에도 신체 활동이 가장 왕성한 25세의 건강으로 회춘할 뿐 아니라 수명도 120세 이상으로 연장될 수 있다는 것인데 값도 우리 돈 만 원 정도로 큰 부담이 없다고 전한다.

단돈 만 원에 무기력했던 노인이 25세의 청춘으로 회춘하여 오래 살 수 있다면 어떤 불효막심한 자식이 부모님의 DHEA 복용을 마다할 수 있을까. 만일 DHEA 캡슐의 포장 용기에 표기된 대로 복용하는 모든 노인이 회춘한다면 거리는 젊은 오빠와 젊은 누나로 가득할 텐데, 분리 추출된 약물로 인간의 자연 수명이 연장되고 자식에게 물려주어야 할 젊음까지 되찾게 된다면 사회 풍속도는 지금과 무척 다를 텐데, 가족과 지역사회를 지탱해주던 전통 문화와 윤리 의식은 어떻게 될까. 직장과 젊은 이성을 놓고 아들이나 손녀 층의 세대와 경쟁해야 하는 사회는 대단히 괴이하고 혼란스럽지 않을까. 약에 의존하는 개개인은 건강할지 모르나 순환되어야 건강한 전통사회는 엉망진창일 것이다.

다행스럽다 해야 할까. 치료를 위해 개발한 DHEA를 불필요하게 상복하면 체내 호르몬 분비의 이상을 초래하여 복용자의 건강을 치명적으로 해칠 가능성이 매우 높다고 의사들이 경고하고 나섰다. 외형을 왜곡시키는 말단비대증, 안구가 돌출되고 체중이 급격히 감소하는 바제도우씨 병과 각종 암들이 우려된다는 것인데, 연령에 맞게 예민하게 움직이는 신체의 균형이 약에 의해 흐트러지기 때문이란다. 대략 100만 년 전에 진화하여 지구상에 나타난 사람이 자식을 낳으며 건강하게 지속할 수 있는 이유는 아직까지 생태 질서에 순응하며 살아왔기 때문이다. 근래들어 사람만을 위한 생태계 교란이 극에 달하는 이때, 개인의 수명연장을 위해 인간이라는 생물종 자체의 수명을 단축시킬 수 있는 연구는 제발 자제했으면 좋겠다.

아침 일찍 밭에 나가 땀 흘려 일한 후 점심상 거뜬히 비운 할아버지가 식구들을 불러 모아 주무시듯 돌아가시는 모습에 익숙한 히말라야 북부 지역의 작은 민족인 라다크에게 죽음은 곧 축제라고 한다. 눈물짓는 대신 웃고 즐기는 문상객들이 문전성시를 이룬다고 한다. 시원한 물과 맑은 공기 속에 마지막까지 약 없이 건강하게 살다가 가족과 친지들의 축복 속에 생을 마무리하는 행복한 죽음, 우리 조상에게 낯설지 않았을 풍습이었다. 끝까지 최선을 다한 삶을 통해 맞이한 아름다운 죽음, 어떤 영화는 우리의 장례를 축제라고 말한다.

질병을 일으키는 흡연, 과다체중, 운동과 수면부족, 스트레스들은 사람에 의한 환경오염이나 생태계 파괴와 무관하지 않다. 오염된 환경과 파괴된 생태계를 복원, 보전하지 않고 질병에 찌든 허우대를 약으로 억지 땜질하는 말초적 수명은 결코 건강할 수 없을 것이다. 개개인의 건강을 배타적으로 치료하는 의학이 발달하면 발달할수록 사람들은 자신의 질병과 죽음을 억울하게 생각한다고 사회복지 전문가들은 주장한다. 아름다운 죽음으로 마무리되는 행복한 삶은 바로 건강한 사회, 건강한 문화, 건강한 환경, 최선을 다하는 건강한 삶에서 우러난다. 질병을 만연시키는 말초적 물질문명의 사슬에서 벗어나지 못하는 사람에게 아름다운 죽음은 단지 희망사항일까.

내일을 위한 고령화 사회 대처법

아내가 아기를 낳으러 병원에 갈 때, 또는 진통 끝에 아기를 낳은 아내에게 따뜻한 말을 전하려할 때, 남편들이여 실수하지 말라. 그 원망, 두고두고 듣는다. 그때 나는 왜 그랬을까. 효자도 아니었는데. 주기적 진통이 빨라져 병원으로 출발할 준비를 하던 나는 문득 방에 홀로 기다릴 아버지가 생각났다. "아버지 식사부터 차리고 나가자"고 뱉었고, 잠시 어이없어하던 아내는 고통을 억지로 참으며 저녁을 후다닥 차리고 삐친 채 병원으로 갔다. 그래서 그런가, 막내는 아직도 쉬 삐친다. 분만실 밖에서 아내의 비명 소리에 애태우며 몇 시간을 초조하게 기다리던 한 후배는 간호사의 호출을 받고 들어가자마자, "고생했어!"하기 전에 "남들이 그러는데, 둘째 때는 덜 아프데" 했고, 두고두고 핀잔을 들었다고 한다.

　여성운동가들이 들으면 어이없겠지만, 결혼 전 나는 첫째가 딸이면 하나, 아들이면 둘째까지 낳으려 했다. 나중에 남편에 기댈 테니 딸이 부모에 의존적으로 자라는 건 봐줄 만하다고 생각했고, 아들 녀석이 저만 생각한다면 참기 어려울 것 같았기 때문이다. 그런데 첫째가 아들이었고, 그래서 하나 더 낳았는데 다시 아들이었다. 둘째가 태어나기 전까지 제몫만 챙기던 첫째는 동생이 생기자 배려를 배웠고, 세 살 터울나는 녀석들은 지금도 꽤 사이좋게 지낸다. 둘째가 딸이길 은근히 바랐지만 지금은 형제인 게 얼마나 다행인지 모른다. 집안에 엄마 말고 여성이 없어 여성에 대한 인식이 부족한 게 탈이지만, 옷과 신발을 물려주니 경제적 부담이 줄고, 두 녀석이 같은 방에서 생활하니 형제간 우의가 돈독해진다. 더 커도 방을 따로 마련해주지 않아도 되니, 전세비를 아낄 수 있을 것 같다.

"둘째 때 덜 아프다" 했던 후배는 미국 어디엔가로 이민갔는데, 셋째를 낳았는지 알 수 없다. 정말 둘째 때는 덜 아팠는지, 셋째를 낳았다면 둘째보다도 덜 아팠는지, 그 역시 알 수 없다. 남자라서 알지 못하는 게 아니다. 주변에 셋째 아이를 낳은 가정이 드물고, 드문 사람을 찾아가 산통을 비교해달라는 질문을 아직까지 하지 않았기 때문이다. 늦둥이 낳은 친구가 있긴 있는데, 어디 한번 물어볼까나. 그런데 터울이 긴 늦둥이의 경우, 산모의 나이도 많아 비교가 가능할지 어떨지, 짐작이 안 간다. 그런데 이 글의 주제가 산통이 아니다. 산통깨지 말고 얼른 제 자리로 돌아가자.

나는 왜 둘만 낳았고, 몇 친구들은 왜 늦둥이까지 세 명을 낳았을까보다 요즘 젊은 부부들은 왜 아이를 낳지 않거나 하나만 고집하려는지, 그걸 좀 생각해보았으면 한다. 그리고 "둘만 낳아 잘 기르자!" 하다가 "잘 키운 딸 하나 열 아들 안 부럽다!"며 아이 하나 이상 낳지 말 것을 노골적으로 종용했던 우리 정부는 무슨 이유로 고령화사회 어쩌구, 출산장려 저쩌구 언급하다 여론의 뭇매를 맞을까. 노인층이 두터워지는 건 이미 오래 전부터 충분히 예측했을 터에 왜 요즘 고령화사회 운운하며 위기의식을 조장할까. 생각해보자. 그 선봉에는 정부와 정치권과 보수적 학자와 언론이 있다. 그들은 얼마 전까지만 해도 피임시술을 지원하고 셋째부터 보험혜택에서 제외하라며 목에 힘주지 않았던가. 다가오는 고령사회는 어떻게 대처해야 바람직할까.

독일문학을 전공한 친구는 유학생 시절의 경험담을 들려준다. 둘째를 낳아 신고했더니 관리가 찾아왔더란다. 복지 차원에서 우유값을 내주려고 사실여부를 확인하려 찾아온 모양인데, 좁은 방을 어지럽히는 첫째를 보더니 왜 알리지 않았느냐며 독일에 온 시기를 묻고 갔다고 한다. 한국에서 낳았더라도 독일 땅에 거주하고 있는 만큼 제공한다며 밀린 우유값을 한꺼번에 주는데, 둘째 낳은 후 받은 우유값은 예상보다 많았다. 알고보니, 출산장려 차원에서, 아이가 늘어날수록 제공하는 일인당 우유값이 늘어난다는 것이었다. 아이가 네 명 이상이면 부모가 직장을 그만두어도 생활이 가능할 정도라고 그 친구는 껄껄 웃었는데, 경제 사정이 전 같지 않은 독일은 지금도 충분한 우유값을 출산장려금으로 지불하는지 궁금하다.

지나칠 정도로 혹독한 산아제한을 펼치는 중국은 어떤가. 국민당 정권을 몰아낸 마오쩌뚱 정권은 소규모 농경사회에 맞는 노동력 확보를 위해 출산을 한때 장려했는데, 1980년대부터 덩샤오핑의 실용주의 노선 이후, 한 자녀 갖기 정책을 본격적으로 추진한 중국의 현재 인구는 13억, 앞으로 아무리 한 자녀 운동을 강요해도 16에서 18억까지 증가할 것으로 예상하고 있다.

평균수명이 늘어나기 때문이다. 하나 밖에 없는 아이에 대한 과잉 애정은 소왕자와 소공주 증후군을 불러, 어린 자녀의 생일이면 일곱 명이 모여 성대한(?) 잔치를 벌인다고 한다. 여섯 명이 열심히 벌어 한 아이에게 몰아주는 선물은 왕자와 공주님께 드리는 정성보다 더하다는 것이다. 아이의 아빠와 엄마는 할아버지와 할머니, 그리고 외할아버지와 외할머니가 볼 때, 귀여운 내 고명아들과 고명딸이고, 그들이 낳은 하나 밖에없는 손자가 아닌가. 자기밖에 모르는 청장년층의 되바라진 태도를 두고 중국의 장래를 걱정하는 목소리가 높다.

도시에 거주할 경우, 무조건 한 자녀, 시골에서 농사지을 경우, 첫째가 딸일 경우로 제한해 한 명만 더 낳을 수 있게(둘째가 아들이든 딸이든 관계없이) 배려한다는 중국에서 출생신고 없는 인구들이 사회문제를 일으킨다고 한다. 도시의 어두운 범죄조직에 휩쓸리거나 밤거리 여인으로 전락한다는 것인데, 딸일 경우 생매장시키는 사례도 적지 않다고 한다. 허가 없이 둘째를 분만했을 경우 반강제로 낙태시술되기도 하고, 그 과정에서 금품이 오가기도 한다는데, 그와 같은 인구억제정책을 계속 추구한다면 앞으로 한 세대가 지난 중국에는 노령인구의 비율이 감당할 수 없게 커질 것으로 예견한다. 경제개발을 위해 복지정책을 뒤로 미루었던 만큼, 눈에 넣어도 아프지 않은 자녀에게 능력 이상의 양육비와 교육비를 기꺼이 감당할 것이지만, 그렇게 자란 아이들이 어른이 되면 자신을 아낌없이 돌본 어른들을 얼마나 잘 모시려할까. 자기 자식 돌보기도 빠듯할 텐데. 중국의 다음 세대 풍속도는 우리 현재 모습을 들여다보면 상상이 가능하지 않을까 싶다.

박정희 군사독재정권이 추진한 '경제개발 5개년 계획'은 사회복지를 좌경시하며 소외계층을 양산했고, 환경문제는 고질화되었다. 생태계가 절딴난 만큼 서로 나누며 따뜻했던 인간성은 황폐해졌다. 과외다 학원이다 하며 자녀에 끔찍했던 부모들이 노인층을 형성하는 요즘, 명품으로 감싼 제 자식을 위해 해외언어 연수와 전 과목 과외교습을 불사하는 뼛골 휘는 장년층은 현재 제 부모를 어떻게 취급하고 있을까. 노인복지 정책이 거의 전무한 가운데 아파트 한 구석에 처박힌 부모는 이 시간 자식 덕에 행복에 겨운가. 손자손녀 재롱에 시간가는 줄 모를까. 요즘 아이들은 꽤 바쁘다. 컴퓨터오락에 빠져야지, 학원 순례해야지, 월급 많이 주는 직장에 취직 잘 되는 일류대학에 들어가려면 일찍부터 원어민 영어 과외공부 가야 하는데, 냄새나는 할아버지나 할머니 방을 기웃거릴 틈이 있기나 할까. 돈 없으면 앉아 쉴 곳도 없는 이 시절의 어르신들은 신호 무시하며 쌩쌩 달리는 자동차가 무서워 도로를 잘 건너지 못한다. 그들은 과거 이 나라 경제개발의 주춧돌이었다. 그들의 희생으로 국가가 이만큼 발전했다

면서, 국가도, 자식들도, 손자손녀들도 거들떠보지 않는다. 현대
판 고려장과 다름없다.

　65세 인구가 7퍼센트를 넘으면 '고령화사회', 14퍼센트에 이
르면 '고령사회', 20퍼센트를 넘기면 '초고령사회'라고 하는데,
고령화사회를 넘어 고령사회로 가까이 가는 우리는 한 세대가
지나기 전에 초고령사회로 접어들 것으로 전망한다. 청장년 두
명이 노인 한 명을 부양하다 금세 노인 한 명을 청장년 한 명이
맡아야 할 지경에 이를지 모른다고 전망하는 전문가도 있다. 끔
찍한가. 15세부터 64세까지를 생산인구라고 할 때, 65세 이상 인
구층의 증가는 사회적 부담이 지나치므로 아이를 많이 낳도록
제도를 개선하라고 언론들은 거품을 문다. 1970년대 가구당 4.5
명의 아이를 낳던 우리는 현재 미국의 2.02명, 일본의 1.32명.
OECD 평균 1.60명보다 훨씬 적은 1.17명을 낳을 뿐이라고 법석
이다. 그래서 어쩌란 말인가.

　'고령사회기본법'을 추진하는 여당은 대통령이 위원장인 '고
령사회 대책위원회'와 '고령사회 대책기금'을 설치, 고령사회
기본계획의 수립과 연도별 실행계획을 수립하고 곧 시행하겠다
고 발표한다. 이를 위해 고령자 고용을 통한 소득과 의료보장,
고령자 관련 산업 육성을 대책으로 제시한다. 야당은 야당대로
'저출산사회 대책기본법'을 추진하며 대통령 직속 '저출산사회
대책위원회'를 설치하여 임신부의 채용·승진·전보·해고에
부당한 차별을 금지하고, 국가와 지방자치단체의 임신·출산정
보센터 설치·운영을 명문화하고 있다. 2004년 8월 30일에 열린

내일을 위한 고령화 사회 대처법　　241

'농어촌 지역 보육 개선을 위한 공청회'는 보육시설이 거의 없는 읍면 단위에 대한 지원을 당국에 강력하게 요구했다고 한다. 언뜻 모두 맞는 말이다. 셋째 자녀에 대한 입원비 감면 차원을 뛰어 넘은 전폭적 출산과 양육지원을 누가 마다할 수 있으랴. 소외되는 노인들을 위한 복지정책도 나무랄 사람은 없다. 하지만, 덕분에 인구는 계속 급증할 것이다.

평균연령이 연장되므로 노인층도 늘어날 텐데, 도대체 얼마나 많은 인구가 이 좁은 국토에 복작거려야 만족할 것인가. 넘치는 인구를 위해 생태계는 할퀴어나가고, 오염된 수입식량과 물과 공기와 몸과 마음으로 도시는 물론 농촌까지 삭막하기 이를 데 없는데 소비사회를 기반으로 하는 생산력주의는 지속가능한 내일을 안내할 수 있을까. 그리고 뭐? 생산인구? 65세가 넘으면 쓸데없다는 것인가.

월급이 많다면 대졸도 환경미화원 응시에 덤벼드는 시절이건만, 카센터 주인은 도무지 쉴 틈이 없다. 동종업계의 가격경쟁으로 수입이 줄어 조수 고용이 부담되지만 오겠다는 기술자도 없다고 한숨이다. 남편을 돕는 젊은 부인은 자기 자식이 카센터를 운영하는 걸 바라지 않는다. 힘들다며 고개를 흔든다. 의식있는 간사를 구하지 못하는 시민단체는 공개모집으로 모인 이력서와 자기소개서를 보며 한숨이다. 시민운동을 권력으로 오인하는 지원자들은 들어와도 잘 화합하지 못하고 금방 나간다고 한다. 반면에, 우리가 피하는 힘든 일을 시키기 위해 고용한 외국인들을 이제와 내쫓는 정책은 또 어떤 모순인가.

일본의 고속도로 톨게이트는 노인들이 지킨다. 귀가 어둡고 목소리가 작아 의사소통이 성가셔도 노인들의 취업을 고려한 복지행정이다. 그나마 원하는 노인의 일부만이 혜택을 본다. 대부분의 도시 노인들은 고령사회에서 무료한 시간을 강요당할 텐데, 일본보다 압축적으로 고령화로 옮겨가는 우리는 어떤 근본 대책을 세워야 할까.

이십대 태반이 실직인 '이태백', 삼십팔 세에 직장에서 쫓겨나는 '삼팔선', 사십오 세에 정년이 강요되는 '사오정', 오십육 세가 넘어도 직장에 남아 있으려 하면 도둑인 '오륙도'라는 사회적 용어가 춤을 추는 세상에서 내 한 몸 건사하기 힘겨운 마당인데, 소득 2만 달러를 위한 경영혁신과 고용 유연화 정책으로 혹사되는 비정규노동자들이 급증하는 시대에 기업 눈치보는 국가가 주도하는 복지정책이 온전할 수 있을까.

가정경제보다 주위 시선이 두려워 둘만 낳았던 시절, "콘돔이 찢어져서" 또는 "정관수술 직후라서"하며 셋째 낳은 핑계에 궁색했던 친구들은 사회에 죄진 듯 부끄러웠고, 당시 텔레비전 드라마들은 아이가 하나뿐이었다. 아이 셋이 드라마의 권장사항이 된 요즘, 양육비 지원에 인색한 정부는 이 험난한 불경기에 아이 더 낳으라고 캠페인을 벌인다.

버거운 세상살이가 짜증스럽더라도 늦둥이 재롱 보며 산다며 친구는 체념하듯 말하지만 아이는 장난감이나 애완동물이 아니다. 엄격한 책임이 뒤따른다. 경제적 뒷받침이 걱정인데 교육기간과 양육비용까지 전에 없이 늘어나고, 나이가 들어가면서 한숨이 늘어가는 친구들은 늦둥이에게 미안해한다. 의식주는 물론, 교육, 교통, 의료, 문화, 휴식들을 위한 고도의 서비스가 요구되는 경쟁사회에서 고령화는 출산장려로 극복할 수 있을까.

선조들은 자연에서 태어나 자연에 살고 자연으로 돌아갔다. 인구가 환경문제로 직결되지 않는 시절, 산아제한은 의미가 없었지만 요즘 인구는 자연의 일부가 아니다. 도시는 물론, 경작지와 목축지에도 자연이 없다. 시멘트와 아스팔트로 점철되는 도시에서 놓칠 수 없는 문명의 편의에 길들어버린 인구들도 이따금 자연을 찾지만 옛 모습과 멀다. 단지 방문자에 불과한 인간들이 쓰다 버린 쓰레기, 생산력주의가 쏟아낸 부패하지 않는 부산물을 자연에 떠넘겼기 때문이다. 이제 인구는 자연이 주는 이자를 넘어서 원금까지 까먹고 사는 모습이다.

인구억제정책은 끝났는가. 생태계 파괴가 극에 달하고, 자연자원은 바닥을 드러내며, 지나친 개발에 이은 기상이변이 전에 없이 속출해도, 커지는 개인 욕구를 충족시킬 만한 생산인구의 확충을 위해 신생아 인구를 밑도끝도없이 늘여야 하나. 늘어나는 비생산 고령인구를 장차 생산인구가 될 신생아로 상쇄해야 하나.

그런데 불경기에 허리띠 졸라맨 생산인구들은 아이 낳기를 꺼린다. 경쟁사회에 양육비가 턱없이 늘어 한 자녀도 벅차한다. 늘어난 고학력 고급인구들이 거부하는 우리의 3D 부문 생산인구를 수입해 해결했던 행정은 단물 빠지자 생산인구 수입을 폐기하려 드는데, 다가오는 초고령사회는 어떻게 해결해야 효과적일까. 생산 인구비율은 비생산 인구비율을 강제로 끌어내리면 높아진다. 생산인구의 연령 연장이 싫다면 고려장인가.

고효율과 속도가 지배하는 경쟁사회에서 노인 생산층을 선호하지 않아도 고려장을 기획할 수야 없다. 신생아는 줄고, 고령인구는 늘고, 생태계는 파괴되고, 속도와 경쟁에 치인 사람들은 이웃을 배려하지 못하는 마당이라도, 대안을 찾아야 할 텐데, 언뜻 이율배반으로 보이는 고령사회와 산아제한의 문제를 근본적으로 극복할 방안은 없을까. 고령인구의 사회적 역할이 존중되는 불과 한 세대 전을 생각해보자. 이웃들과 함께 돕고 나누며 여유롭게 살았던 시절, 나이든 어른들의 역할은 매우 소중했다. 자본에 휘둘리는 일이 거의 없었던 당시 사회에서 노인들의 관록은 절대 가치를 가졌다.

위험 징후가 나타나지 않는 산모들이 환자로 등록되어 병원으로 가야 하고, 생산력사회의 진두지휘로 예비 생산인구 하나를 새로운 부품처럼 출산하지 않았던 전통사회는 경험 있는 어른들의 따뜻한 보살핌 속에 새 생명을 낳고, 이웃들은 내 일처럼 축하해주었다. 공동체 안에서 노인들과 아이들은 가족과 많은 친지들의 배려 속에서 살았다. 자연의 생물들과 느긋하게 어우러질 수 있었다. 문화와 전통과 경험을 나누며 공유하고 몸과 마음의 건강을 유지할 수 있었다. 자원과 에너지 소비도, 실직 위기와 아이 양육에 대한 스트레스도 불식시킬 수 있는 이른바 '생태공동체'였다.

그렇다면 대안은 자연으로 돌아가는 것이다. "돌아갈 때가 되면 돌아가는 것이 진보"이므로 이제 고령인구 확산을 그만 고민하고, 소규모 공동체에서 자급자족하는 삶을 모색해보는 것이다. 바로 얼마 전까지 우리 일상이었던 '농경사회'다. 주지하다시피 생태계와 자연자원은 산업생산에 경쟁하는 인간을 위해 무한히 확장할 수 없다. 유한한 자연 안에서 건강하고 행복한 내일을 조금이라도 연장시키기 바란다면 우리는 인구를 억제해야 한다. 노령사회로 들어가는데 시간이 남았다면 서로 배려하며 조화를 이룰 수 있는 농경사회로 돌아가기 위해 파괴된 생태계와 오염된 환경을 복원하는 것이 바람직하지 산업사회의 부속품 같은 생산인구 확보를 염두에 둔 출산을 독려할 수 없는 일이다.

가속되는 고령사회는 소규모 농경사회로 어우러지는 생태공동체를 전제로 하는 산아제한으로 극복해야 한다. 좁은 산하에서 건강한 내일을 위한 최소한의 약속이 거기에 있다.

생태적 삶에 대한 열 가지 오해

들어가는 글

누가 보아도 건강하고 말쑥한 김 부장의 일상을 따라가 보자. 잘나가는 중견 회사의 간부사원인 그는 항균 시트가 깔린 메모리폼 침구에서 일어나 유기농 채소를 곁들인 간편한 생식과 유기농 과일주스로 아침을 맞고, 친환경소재로 실내가 마무리된 아파트를 초극세사 드레스셔츠를 걸치며 나온다. 누군가 설치한 방향제에서 내뿜는 합성 향기에 이맛살을 찌푸리며 엘리베이터를 빠져나온 그는 미리 시동 걸어 쾌적한 온도에 맞추어진 승용차에 올라탄다. 클래식 시디에서 나오는 잔잔한 음악과 은은한 자연향이 어우러지는 차내 공간은 거실처럼 공기가 정화되어 흐르고, 네비게이터의 길안내를 받으며 회사에 도착한 김 부장은 수입생수로 내린 유기농 커피를 음미한 후, 항균 시트로 덮은 의자에 앉아 업무를 시작한다.

호텔식당에서 거래처 사람들과 거위 간 소스를 얹은 송아지

스테이크를 썰며 레드와인을 홀짝이던 김 부장은 가까운 퍼블릭 골프장에서 접대를 마치고 스파에 들려 몸을 가볍게 푼 후 회사로 돌아가 업무를 마무리한다. 퇴근 후 양주 한잔 하자는 동료의 유혹을 뿌리치고, 식구들과 보낼 주말을 위해 호텔과 스킨스쿠버를 예약한 김 부장은 집으로 돌아가는 길에 아내를 불러내 백화점에 들른다. 생태기행을 떠날 막내의 옷가지와 장비를 명품으로 장만하고 애완동물의 수입사료도 구입해야 한다. 모처럼 가족과 둘러앉아 유기농 채식으로 저녁을 푸짐하게 마친 김 부장은 생활한복으로 갈아입고 나와 헬스클럽과 스쿼시에서 땀을 푹 흘린다. 집에 돌아와 가죽 소파에 앉아 홈시어터로 프로골프투어를 시청한 다음, 아로마 입욕제로 반신욕을 즐기고 홈바에서 30년 된 양주 한 잔 마신 김 부장은, 유비쿼터스 시스템을 갖춘 전원주택을 꿈꾸며 잠자리에 든다. 잠들기 전에 명상도 필수다.

웰빙, 웰빙, 요즘 장안의 화두는 단연 웰빙이다. 웰빙이 구체적으로 무엇인지 잘 알지 못하지만 그저 웰빙이다. 물도 공기도 먹는 것도 웰빙이고, 옷도 집도 웰빙이다. 웰빙이 아니라면 아무 것도 살 수도 팔 수도 없는 세상, 웰빙은 이 시대 상업주의의 절대가치로 등극했다. 어떻게 살아야 웰빙일까. 항균제품, 명품, 수입생수, 유기농 채소, 친환경 실내장식, 생태기행, 생활한복, 클래식, 와인, 골프, 스킨스쿠버, 애완동물, 쇼핑, 헬스클럽, 양주, 홈시어터, 명상, 아로마, 스파, 반신욕, 유비쿼터스, 전원주택과 같이, 앞의 김 부장처럼 살면 웰빙인 것일까. 최근에는 자연을 실내에 옮겨다 놓은 친환경적 생태적인 삶을 추구하는 이들이 늘어난다는데, 그게 웰빙일까.

체코 보헤미아 지방에서 자유분방하게 유랑하던 집시 보헤미안(Bohemian)의 '보'와 자본주의의 풍요로움을 상징하는 부르주아(Bourgeois)의 '보'를 합성한 조어 '보보스', "물질적 풍요를 기반으로 하되 정신적인 여유와 자연친화적 삶의 태도를 추구하며 자신만의 삶을 즐기고 생명과 자연의 가치를 존중한다"는 이른바 '보보스 족'들은 웰빙 시대의 우상이다. "물질적 향유가 아니라 정신적 건강이나 내면세계의 만족을 위해 과식과 스트레스를 피하고 유기농 식단을 즐기며 규칙적인 운동으로 건강한 몸과 정신을 추구"한다는 보보스 족은 돈으로 자유와 낭만을 산다. 하지만 그들의 삶은 상업주의가 교묘히 안내하는 소비사회의 고혹적인 기호에 배타적으로 물들어 있다. 평등과 개성을 존중하는 순환과 다양성이라는 생태적 가치를 왜곡한다. 일상생활에 지쳐 살아가야 하는 대다수 시민들에게 참기 어려운 위화감을 선사한다. 이기적 웰빙은 한시적으로 추구할 수 있을지 몰라도 생태적 삶은 영원히 불가능할 것이다.

웰빙을 위한 항균제품은 자신의 면역능력을 무시하거나 약화시켜 자칫 사소한 질병에도 속절없이 감염될 수 있으며 골프와 스키는 우리 땅에서 전혀 생태적이지 않다. 생태적 다양성을 훼손시켜야 건설과 운영할 수 있는 골프장은 캐디의 기형아 출산율을 높일 정도의 빈번한 농약사용과 그로 인한 수질오염과 지하수 고갈을 유발한다. 이웃 간에 위화감을 조장하는 명품 쇼핑은 물론이고 스파와 반신욕은 세계보건기구에서 지정했다는 '물

부족 국가'에서 가당치않다. 휴일에 즐기는 등산과 스킨스쿠버와 생태기행은 어떤가. 시간과 돈에 여유가 있어야 가능한 애완동물 사육과 마찬가지로 어떻게 접근하느냐에 따라 생태적일 수도 아닐 수도 있다. 이른바 '보보스족'들이 추구하는 삶은 과연 생태적인가. 자기만족에 근거하는 그들의 웰빙을 비판적으로 조명해보자.

웰빙

"바쁜 일상과 인스턴트식품에서 벗어나 행복과 복지와 안녕을 위해 건강한 육체와 정신을 추구하는 라이프스타일이나 문화코드"로 해석하는 웰빙은 "부와 명예, 사회적 지위만을 추구하던 삶의 방식에서 신체와 정신을 유지하는 균형 잡힌 삶"을 행복의 척도로 삼는다고 누군가 주장한다. 그를 위해 가격 중심이 아닌 인체에 무해한 친환경 자재와 공법을 채용한 실내는 항균벽지와 무공해 페인트를 바르고 공기정화기를 단 환기시설을 갖추며 수맥을 차단하는 동판을 시공하여 정신적 육체적 안정감을 주라고 관련업자들은 꼬드긴다. 인체공학적으로 설계하여 편리성은 물론 사용자의 건강까지 염두에 둔 가구이므로 장만하라고 속삭인다. 한국표준협회컨설팅은 웰빙을 측정하는 '소비자 웰빙지수'를 개발, 상품과 생활공간의 건강 · 환경 · 충족 · 안전성들을 평가해 웰빙 정도를 측정하여 기업들이 신제품 개발에 적극 활용하게 유도할 계획이라고 소비주의를 부추긴다.

하지만 자기만의 웰빙은 불가능하다. 내 웰빙은 내 삶을 지탱하는 이웃, 생태계, 문화, 환경이 두루 편안하지 않으면 결코 지속될 수 없다. 유기농 채소만 보더라도 힘겨운 유기농업을 감당하는 농부가 있어야 할 뿐 아니라 그러한 농산물을 신뢰를 바탕으로 소비자에게 연결해주는 매장이 주변에 있어야 내 식탁에 유기농 식단을 안정적으로 마련할 수 있지 않은가. 나와 내 가족을 위한 웰빙에서 이웃의 웰빙을 먼저 도모해야 한다. 그 이웃에는 사람은 물론, 동식물과 그들의 건강한 생태계도, 선조로부터 이어온 문화와 전통도, 후손의 건강한 생명도 포함된다.

유기농산물

2002년 벽두였다. 서울방송은 〈잘 먹고 잘 살자〉는 제목의 프로그램을 기획, 유기농산물과 그렇게 재배한 채식의 이점을 실증적으로 소개했는데, 이후 동네 유기농매장의 생활재는 한순간에 동났고 푸줏간은 한동안 파리를 날려야 했지만, 얼마 지나지 않아 평상으로 돌아갔다고 한다. 회의 마치고 고기구이 집으로 으레 가던 뒤풀이 발걸음을 잠시 보류했던 환경단체도 양 적고 값 비싼 유기농산물 식당을 이내 외면하고 말았다.

최근 한 식품회사는 유기농산물 두부를 광고하면서 수입 농산물로 가공한 사실을 밝히지 않아 환경단체의 비난을 받았다. 한

동안 국산 유기농 콩만을 취급한다고 선전하더니 상표를 살짝
바꿔 값싼 중국산 유기농 콩으로 두부를 만들면서 유기농산물이
라는 점만 광고해 소비자들이 국산 유기농산물로 짐작하게 유도
했다며 환경단체는 기업의 비윤리적 행위를 꼬집은 것이다.

　무위당 장일순 선생은 유기농산물 직거래운동을 시작하면서
유기농산물만 골라먹지 말자고 운동가와 소비자들에게 당부했
다고 한다. 그는 위암으로 우리 곁을 10여 년 전에 떠났다. 어쩌
면 순교한 것이리라. 장일순 선생은 시민들 사이에 발생할 위화
감을 피하고 싶었을 것이다. 관행농업에 비해 생산량이 형편없
이 적은 탓에 값이 비싸게 책정되는 것이야 어쩔 수 없지만 그
때문에 여유 없는 계층이 외면할 수밖에 없다면 순환을 통해 땅
과 몸을 살려야 한다는 유기농산물 직거래운동의 취지가 무색해
질 수 있지 않은가.

　내 몸만 생각하는 소비행태를 경계했던 유기농산물 직거래운
동이 최근 초심을 잃어가는 느낌이 들어 안타깝다. 유기농산물
을 선호하는 소비자들의 증가에 발맞춰 유기농산물을 취급하는
매장이 증가하는 것이야 바람직하지만 매장 사이의 가격경쟁이
발생해 문제를 드러내기 시작하고 있다. 유기농산물 직거래의
취지를 십분 이해하는 조합원들이 믿음으로 거래하기보다 나와
내 가족의 건강만 생각하는 소비자들이 유기농산물 시장을 주도
하면서 생산자들의 출하 가격을 통제하는 일이 심심치 않고 그
과정에서 일부 매장과 식품회사에서 외국의 유기농산물과 가공
식품을 수입하는 사태가 벌어진다.

진정한 유기농산물은 제철 제고장에서 생산한 것이라야 한다. 긴 운송과정을 거친 농산물은 농약과 화학비료를 사용하지 않았더라도 고에너지가 투입된 산물이다. 더구나 수입농산물은 우리 땅의 생태적 순환에 조금도 도움이 되지 않았고 그 나라 사람들의 몸도 보살피지 않는다. 식량이 모자라므로 수입하는 중국에서 오직 돈벌이를 위해 유기농산물을 수출하는 모습도 아름다워 보이지 않지만 역시 돈을 목적으로 값싼 유기농산물을 수입하는 행위도 바람직하다고 생각할 수 없다. 유기농산물 직거래는 초심으로 되돌아가야 한다. 나만 생각하는 가격경쟁으로 땅은 물론 내 몸도 살리지 못한다.

채식주의

우리 서해안 갯벌을 자주 찾는 영국인 탐조인은 별스러운 채식을 고집한다. 육류만이 아니라 조개나 낙지와 같이 갯벌에서 나오는 어패류도 절대 먹지 않는다. 새벽 산행에서 발을 헛디딘 언니가 계곡 아래로 몸이 기울어질 칠라 옆구리 쪽으로 몸을 날려 대신 떨어져 죽은 개를 가까이서 본 동생은 개고기 먹는 사람들을 혐오한다.

채식을 실천하는 사람들은 나름대로 이유가 있고 실천 방식도 다양하다. 살생을 꺼리는 사람은 육류와 어패류를 사양하지만 계란이나 우유는 마다하지 않는다. 단순히 붉은 살코기만을 기피하는 사람은 닭고기는 먹는다. 채식주의자를 위한 서양 식당의 샐러드 바에 깍두기처럼 썬 닭 가슴살이 버젓이 놓여 있다. 그런가 하면 멸치국물도 사양하는 완벽한 채식주의자도 있다. 그들 중 상당수는 명상을 통해 채식을 실천하며 버섯까지 거부하기도 한다. 식물보다 동물에 가깝기 때문이라고 말한다.

얼마 전까지 채식주의자는 함께 지내기 곤란한 고집불통자로 인식되곤 했지만 요즘은 아니다. 육식이 일으키는 건강 문제를 알고부터 부러움의 대상으로 받아들인다. 많은 이들은 육식을 피하려고 해도 쉽지 않다고 말한다. 고기로 향하는 젓가락 습관을 제어하기 어렵기도 하고, 고기 좋아하는 사람들과 맺는 관계를 그르칠 수 없다고 핑계를 댄다. 그러면서 육식은 살생을 방조하는 식습관이라는 일부 채식주의자들의 주장에 채식은 살생이 아니냐고 반문한다. 하지만 건전한 상식을 가진 대부분의 채식인들은 육식을 무조건 백안시하지 않는다. 사람들은 육식보다 채식에 맞는 체질을 가졌다는 점을 강조하며 생태적으로 건강한 식단을 지지하는 것이다.

채식 메뉴는 되도록 우리 문화에 어울리는 것이 좋다. 비용이 만만치 않은 고급 채식은 위화감을 일으키기 십상이다. 무치거나 데치거나 절이거나 발효시켜 먹는 우리 전통 식단은 대부분 채식이며 밥상 차리는 비용도 비교적 저렴하다. 고기 맛을 흉내낸 콩단백질이나 밀기울은 솔직하지 않다. 그런 식재료로 가공하는 식단은 수입곡물이 들어가는 햄버거나 샌드위치처럼 주로 서양식을 따른다. 우리 땅에서 제철에 재배한 유기농산물로 되도록 덜 가공한 채식이어야 우리 몸에 잘 어울리고 건강하다.

　수입 채소, 유전자 조작 곡물, 운송과 조리 과정에 많은 에너지가 들어가는 식재료는 건강한 채식과 거리가 멀다. 먹는 자신은 물론 생태계의 건강에 전혀 도움이 되지 못하는 무늬뿐인 채식단은 채식으로 바꿀 것을 고민하는 이웃에게 거부감을 유발시킬 뿐이다. 이제 채식도 환경운동 차원에서 실천되고 보급되었으면 한다. 육식을 거부하는 차원에서 벗어나 자라나는 아이들에게 필수 영양분을 저렴하게 공급할 수 있는 채식단을 개발하는 것을 포함하여 우리 유기농산물로 가공한 전통 채식단을 널리 알리고 보급하는 시민운동 차원으로 채식운동을 전개하면 어떨까.

정수기와 공기정화기

　수돗물과 정수기에서 뽑아낸 물이 컵에 각각 담겨 있다. 환경을 생각하는 목마른 이는 어떤 물을 선택해야 할까. 생태주의자는 업자가 당연히 권하는 정수기 물을 마다하고 굳이 수돗물을 벌컥벌컥 마셔야 하나? 정수기 업체는 수질오염을 정수기로 극복하라고 유혹하는데 정수기는 환경을 생각하지 않는다. 오염된 수질이 오히려 장사밑천이다. 수돗물을 믿을 수 없다는 신화를 유포시켜야 이익을 챙길 수 있다. 그 사실을 익히 짐작하는 생태주의자라도 눈앞에 제공된 정수기 물을 피할 필요는 없다. 수돗물보다 깨끗하고 안전하리라고 믿을 만하기 때문이다. 하지만 생태주의자는 수돗물을 정수기 물 이상으로 시민들이 안심할 수 있도록 질을 개선해야 한다는데 동의할 것이다. 정수기와 같은 고가의 장비를 구입하지 않아도 되는 세상을 위해서.

샘이나 공동우물에서 물을 길어와야 했던 시절, 사람들은 물을 소중하게 생각하고 아꼈다. 그러다 여유 있는 집부터 우물을 파자 가난한 이들이 물동이 지고 찾아야 했던 공동우물과 샘은 사람들의 관심에서 서서히 멀어지고 방치되다 폐쇄된다. 울타리 안의 우물은 사람들의 물 소비를 늘렸고 사용한 물을 함부로 버리면서 우물이 마르고 오염되게 되었다. 이후 부자들부터 들여 놓은 수돗물은 이제 도시뿐 아니라 산골마을까지 광범위하게 보급되었는데, 마당에 있던 수도꼭지가 따뜻한 실내 여기저기에 쓰기 좋게 배치되면서 그만 수돗물은 허드렛물로 바뀌고 말았다. 요즘 사람들은 수돗물을 그냥 마시지 않는다. 끓이거나 정수하거나 생수를 별도로 구입해 마신다.

정수기는 수도꼭지 이후의 물에 계층을 발생시킨다. 정수기를 단 여유 있는 계층은 수도꼭지로 들어오는 물이 왜 안심하기 어려운지 관심을 기울이지 않는다. 상수원 오염에 무감각하고, 상수원으로 들어오는 집수구역의 정화를 위해 절개지에 나무를 심는다거나 유기농업을 지원해야 한다는 주장을 남의 일로 생각한다. 상수원 보호 때문에 삶이 희생되는 지역주민들을 지원하기 위해 수돗물 값을 인상하자는 제안을 탐탁하게 생각하지 않는다.

경로 추적이 용이해 관리하기 쉬운 물은 그나마 다행이다. 발생하는 호흡기 질환으로 지출되는 비용을 이용료로 산출해야 하는 공기는 어떤가. 내 몸에 들어오기까지 특별한 에너지 투입이 없으므로 사용료는 별도로 지불하지 않지만 요즘 우리가 들이마시는 공기는 지역적으로 지구적으로 현저히 오염되고 있다.

크고 작은 자동차와 공장, 석탄 화력발전소들에서 마구 쏟아내는 대기오염물질을 텔레비전 광고처럼 공기정화기로 산뜻하게 해결할 수 있을까. 오염된 환경에서 발산하는 악취를 방향제로 덮을 수 있을까. 악취의 원인을 찾을 수 없게 코를 속이는 방향제와 마찬가지로 공기정화기는 오염된 대기를 근본적으로 정화하는데 아무런 역할을 할 수 없다. 낭비를 일삼는 부자들에게 제한적인 상쾌함을 값비싸게 제공할 따름이다. 그것도 한시적으로. 자연의 정화능력 이상으로 에너지를 소비하고 자원을 낭비하는 삶을 반성하지 않는다면 물도 공기도 정화될 수 없다. 성능을 나날이 개선해야 하는 정수기와 공기정화기는 더 큰 문제를 후손에게 떠맡기고 말 것이다.

약수터

도시가 확장되면서 외곽에서 도심으로 들어온 작은 산은 땅주인의 잦은 개발압력뿐 아니라 이게 어디냐고 찾는 시민들의 발길에 치인다. 그 중에도 약수터라 이름붙인 녹지공간의 이용도는 물통 들고 밀려올라가는 인파로 볼 때 가히 산의 생명을 위

협할 정도다. 물통을 들고 새벽부터 약수터를 찾는 사람들은 수
돗물을 불신하기 때문만은 아니다. 가벼운 운동도 하고 반가운
이웃도 만나곤 한다. 하지만, 그들은 약수터에 고여 흐르는 물이
약수와 거리가 멀다는 점을 깨닫지 못한다. 평소 졸졸 흐르다 비
내리면 어김없이 콸콸 쏟아내는 물은 지하수다. 용출돼 솟아오
르는 약수와 달라도 한참 다르다.

편성된 예산을 소비하기 위해 살포하는 항공방제와 시도 때도
없이 떨어지는 중국 기원 산성비는 미생물의 번식을 방해하여
작은 산의 낙엽은 잘 썩지 못한다. 썩은 낙엽이 쌓여 만들어진
부식토가 얇아지고, 표토가 인파에 밟혀 다져지자 빗물은 쉽게
지하로 스며들지 못한다. 새벽부터 진치는 시민들은 지표로 졸
졸 스며나오는 지하수를 물통에 퍼담지만, 그런 물은 되도록 끓
여먹어야 안심할 수 있다. 자칫하다 청색증에 걸린다.

끓여먹어야 하는 지하수라면 산에 흐르게 내버려둘 필요가 있
다. 물이 흐르는 계곡이라야 많은 산새들이 모여들고, 산새들이
모여야 도심 속의 '녹색섬' 신세가 된 작은 산에 외부 생태계의
씨앗이 공급되는 까닭이다. 약수터에서 호연지기가 무슨 소용인
가. "야―호―"라며 소리 지르지 않는 편이 산을 위해 좋다. 둥
지 지키던 산새들이 놀라 달아나면 나뭇잎을 갉아먹는 곤충들이
그만큼 덜 구제되지 않는가. 약수터 이용 시민들의 민원으로 보
류했던 당국은 다시 항공방제를 서두를지 모른다.

약수터 휴식년제가 필요하다. 계곡에 물이 흐르고 조용해지면
생태계가 회복되고 항공방제도 불필요해질 것이다. 시민들은 수

    녹색의 상상력

돗물 개선과 함께 5분 걸어 다정한 이웃을 만날 수 있는 녹지를
도시 곳곳에 조성해줄 것을 당국에 요구하고, 산은 정해진 등산
로를 따라 시끄럽지 않게 이용하는 편이 내일을 위해 훨씬 바람
직하다. 차제에, 몇 년 전 어떤 재벌이 발표한 설악산 계곡물 판
매 계획은 비난받아야 마땅하다. 낙차를 이용하여 설악산 계곡
물을 서울까지 관로로 운송해 팔겠다는 야무진 발상인데, 그 계
획이 실현되면 지금도 윤택한 그 재벌은 더욱 기름지겠지만 설
악산과 후손의 삶은 그로 인한 갈증으로 허덕일 것이 분명하다.

생태주택과 전원생활

사람들은 자신이 사는 주변에 녹지가 부족하면 부신호르몬의
영향을 받아 어디론가 떠나려는 심리가 작동한다고 환경생태학
자는 주장한다. 연휴마다 영동고속도로를 메우는 승용차 행렬이
그 본능을 웅변한다는 것이다. 반면 곳곳에 하늘이 보이지 않는
푸른 숲을 조성해 놓은 독일은 도시의 녹지 면적을 30퍼센트에
서 50퍼센트로 확장하려고 정책적으로 추진한다. 30퍼센트가 못
되면 녹지를 찾아 떠나려던 시민들이 50퍼센트에 달하면 휴식
같은 삶을 도시에서 만끽하기 때문이라고 주장한다.

최근 우리나라도 녹지가 충만된 생태주택 또는 전원주택을 분
양한다고 광고한다. 하지만 우리나라에서 언급하는 대부분의 생
태도시와 전원주택은 반생태적이다. 주택을 건설하면서 주변에

나무를 심고 초원을 조성하며 생태를 도입한 것이 아니라 원래 생태적으로 양호한 지역의 일부를 허물어 시멘트 콘크리트 건물을 줄 세웠기 때문이다. 말이 생태도시지 사는 방식은 도심의 주택과 하등의 차이가 없다. 텃밭은 물론 생활하수를 정화하는 호수도 없고 주택단지 내에 앉아 쉴 만한 숲도 마련하지 않았다. 생활권과 멀리 떨어진 곳에 변변한 도로도 없이 세워놓은 아파트들은 주변 경관을 해칠 뿐 아니라 기존 주민들의 생활과 이질적으로 단절돼 있고 교통체증을 부추긴다.

주택단지는 여기저기 난립하는 주택을 한 군데로 모아, 되도록 주변 생태계를 보전하려는 데 있다. 공업단지도 마찬가지다. 그런데 우리는 주택단지가 난립된다. 아파트단지의 난립으로 녹지가 거의 벗겨져 민원이 빗발치는 용인의 경우가 그 예다. 독일 하노버 시에서 본 생태주거단지는 주택으로 인한 생태계 훼손을 최소화하기 위한 배려가 놀랍다. 나무와 짚처럼 자연으로 되돌아가는 자재를 사용하는 것은 물론, 지붕에 풀이나 나무를 심을 뿐 아니라 주택 사이에 바람이 통과하며 내리는 빗물을 지하로 스며들 수 있도록 설계하고, 양이 노니는 초원과 더불어 생활하수를 정화하는 호수를 주거단지 주변에 배치한다. 또한 안내판을 설치해 방문자들에게 생태주택의 의미와 기능을 친절하게 설명하고 있다.

관공서와 학교와 주택의 담 대신 나무를 심고, 담쟁이덩굴로 덮인 건물의 옥상에 풀밭과 작은 나무를 심고, 5분 걸어 다정한 이웃을 만날 수 있는 자투리 녹지를 곳곳에 조성하고, 조성된 자투리 녹지와 가로수를 근교 녹지와 연결하는 녹지축으로 도심을 수놓고, 생활권 내에서 쉽게 이동 가능한 자전거도로를 확충하고, 차도와 자전거도로, 자전거도로와 보행자도로 사이에 가로수를 촘촘히 심고, 빗물을 저장해 활용하거나 생활하수를 중간 처리해 허드렛물로 사용하고, 간판을 정비해 보행환경을 쾌적하게 만드는 일은 다른 나라의 일상사에서 그칠 수 없다. 우리도 가능해야 한다.

녹색도시나 전원주택은 기존 녹지나 전원을 허물고 짓는 행태일 수 없다. 녹지가 부족한 도심공간에 나무를 심고 자연을 도입해 건설해야 한다. 사람이 사는 도시는 아스팔트와 시멘트가 아니라 녹색으로 완성되는 것이다.

애완동물

사람 이외에 생명이라곤 어쩌다 들어온 모기와 개미들이 전부인 마당도 없는 사각 아파트에 살아가는 요즘 시민들, 그들의 정서는 삭막하기 쉽다. 이웃 사이에 대화도 나누지 못하고 살아가기보다 애완동물 한 마리라도 사육하는 편이 정신건강에 유익할 듯싶다. 그래서 그런가. 최근 아파트에 애완동물을 키우는 주민들이 부쩍 늘어났다. 그런데 가만히 보니, 텔레비전의 동물관련 프로그램에서 홍미 위주로 소개된 품종들이 대부분이다.

애완동물이 늘어나는 것에 비례하여 동물의 기생충이 어린이에게 옮겨가는 사례가 급증하고 있다. 어린이 놀이터나 화단에 넌 애완견의 대소변을 방치했기 때문이다. 자신에게 식구처럼 소중할지 몰라도 다른 사람에게는 아니다. 남의 애완동물일 따름이건만 엘리베이터에 흘려놓은 배설물을 치우지 않은 주민들은 줄을 풀어주어 지나던 노인과 아이들을 놀라게 한다. 훈련이 충분치 않아 때와 장소를 가리지 않고 낯모르는 사람을 향해 짖어대는 경우는 애교에 불과하다. 가방에 넣지 않고 대중교통시설에 풀어놓아 지하철 내에서 경중경중 뛰게 놔두는 경우까지 있다.

동물 털에 알레르기가 있는 사람, 동물에 공포를 느끼는 사람들에 대한 배려를 소홀히 취급하는 이들은 애완동물의 본성까지 왜곡한다. 모자가 달린 옷을 입히거나 선글라스에 신발까지 신겨 주위 시선을 민망하게 만들지만, 당하는 애완동물은 얼마나 불편하거나 불쾌할까. 애완동물이 죽으면 화장하여 납골당에 안치해 위화감을 조장하는 경우도 있지만 감당할 수 없이 몸집이 커지거나 경제력이 떨어지면 내다버리는 인심도 흔해, 요즘 동물보호단체는 눈코 뜰 새 없이 바쁘다. 애완동물도 생명이므로 입양에 따른 책임이 뒤따라야 하는데 장난감처럼 인식하기 때문일지 모른다.

최근 관련 당국은 등록제를 실시하여 예방주사와 인식표 부착된 줄을 애완동물 입양할 때 의무토록 하겠다고 발표했다. 바람직한 행정이지만 형식적 제도로 그칠 수는 없다. 애완동물을 입양하는데 따르는 사회적인 책임을 스스로 인식할 수 있도록 제도를 실제적으로 운영해야 한다. 차제에 우리 생태환경에 맞지 않는 애완동물의 수입은 제한했으면 한다. 뜻하지 않은 외래질병을 몰고 올 수 있지만 동물이 갖는 생태적 권리와 맞지 않는다고 여기기 때문이다. 또한 붉은귀거북처럼 하천이나 호수에 함부로 방생할 경우 고유 생태계를 교란할 수 있다는 점을 수입상과 판매점들은 소비자들에게 잘 홍보해야 한다.

아이와 어른들의 체험과 놀이문화

초등과 중등학교를 중심으로 체험이나 극기훈련과 같은 단체여행이 드물지 않다. 교실에 앉아 교과서에 구속된 지식을 파기보다 자연에서 보고 느끼는 수업은 권장할 만할 것이다. 하지만 그 규모와 방식이 생태적이지 못하다. 한 학년 또는 전교생을 사전 지식 없이 갯벌이나 산골에 풀어보내 주변 생태계가 교란되기 때문이다. 인천시 강화군 장화리의 해양생태탐구수련원의 경우, 밀려드는 관광버스에서 우르르 내리는 각 급 학교 학생들은 갯벌의 생태적 가지와 탐구방법에 미처 공감할 틈도 없이 갯벌로 몰려나가 놀이 이상의 체험은 원천봉쇄된다. 야영도 마찬가지다. 많은 학생들이 한꺼번에 씻고 조리하는 와중에 질서는 실종되니 음식찌꺼기가 하천을 오염시키고, 떠들썩한 가운데 움직이는 인파로 주변 생태계는 혼란에 빠진다. 이윤을 먼저 생각하는 대행업체에 의존하지 말고 관련 시민단체와 연계하는 학급

이하 단위의 열린 기획은 어떨까. 시간과 공간에 여유를 갖고 자연을 느끼고 배울 수 있을 텐데.

어른들의 놀이문화는 어린이에 비해 비생태적인 경우가 다반사다. 숲을 밀어낸 자리에 농약을 뿌려 주변 생태계를 훈증하는 골프는 물론이고 백두대간을 허무는 스키도 생태계를 토막내며 위화감을 조장하지만 등산과 낚시도 비생태적인 것은 마찬가지다. 울긋불긋한 옷을 차려입고 등 떠밀려 올랐다가 음식 쓰레기 남기고 내려가는 인파가 국립공원에 가득하고, 떡밥과 초고추장을 아무데나 버리고 나오는 낚시꾼들로 산과 들과 강과 호수는 몸살을 그치지 못한다. 영월댐으로 수장될 뻔했던 동강은 밀려드는 래프팅 인파로 조용한 날이 드물고, 계곡 가까이 없던 도로를 개설해 산림은 인간이 배출하는 각종 오염물질로 찌들고 있다. 하늘과 호수와 강을 누비는 패러글라이딩과 요트와 윈드서핑이 한 폭의 그림 같지만 시간과 경제 여유 없는 웬만한 사람에게 부담스럽고, 요란한 수상스키는 느닷없는 서바이벌게임과 마찬가지로 주변 정적을 깬다. 간혹 스킨스쿠버 회원들이 바다나 호수를 청소하기는 하지만 일회성에 그치고, 여유 없는 계층에게 그림의 떡으로 그친다. 승마나 클레이 사격도 위화감을 유발시키는 것은 매한가지다. 방과 후나 공휴일에 학교와 공설운동장을 주민들의 운동과 놀이를 위해 개방하는 방식은 고려하기 곤란할까.

주말을 이용하여 가족단위로 찾는 동물원과 식물원은 전혀 자연스럽지 않다. 우리 생태계에 존재하지 않는 외래 야생동식물

　녹색의 상상력

들의 본성을 억압하고 행동을 구속시켜 억지로 살아가는 모습을 관람객에게 공개하고 있지만 생물권을 고려하고 있지 못하다. 시멘트 바닥에서 던져주는 사탕과 과일을 받아먹는 야생동물은 야성을 잃었고 비만으로 허덕인다. 던지는 동전에 맞아 눈이 먼 동물도 있고 물을 자주 갈아주지 않아 피부병에 시달리는 동물도 많다. 좁은 공간에게 쳇바퀴 도는 동물, 구석에 웅크리고 체념한 듯 꼼짝도 않는 동물, 비굴하게 사탕과 담배를 구걸하는 동물들이 죽지 못해 사는 공간은 전혀 교육적이지 못하다. 없애지 못한다면 본성에 맞는 시설을 최대한 갖춰 관람객의 방해를 최소화하며 개방해야 한다. 더구나 자전거 타고 거수경례하는 야생동물들을 돈 내고 구경해야 하는 이른바 야생동물공연장은 생태나 교육적으로 볼 때 터무니없다. 외래식물을 분류 관계를 고려하지 않고 촘촘히 심어놓은 실내 식물원도 생태와 무관하기는 동물원과 같다.

자연에서 이루어지는 체험과 놀이는 최대한 생태와 어울려야 한다. 자신의 놀이를 위해 야생동물과 식물의 휴식과 번식을 방해하는 사람들의 행위는 생태적이지 않을 뿐더러 전혀 공평하지도 않다. 장기적으로 볼 때, 생태계에 의존해 살아가는 사람에게도 이로울리 결코 만무하다.

장묘문화

제주도는 중산간 밭에 돌 울타리를 사각으로 쌓아놓고 그 가운데 묘를 쓴다. 얼마 되지 않는 밭을 희생시키는 까닭을 물으니 척박한 땅에 조상을 모실 수 없기 때문이란다. 이해할 만한 풍습인데, 묘소가 늘어나면 붙여먹을 농토가 그만큼 줄어들 것이다. 묻힐 땅이 없다고, 해마다 여의도 면적의 몇 배가 묘지로 사라진다고 경고하는 보도가 몇 차례 나오더니 화장이 최근 급증했다. 부유층의 호화분묘가 사라지지 않았어도, 매장대신 화장이 늘고 묘소대신 납골당이 증가하면서 묘지로 사라지는 경작지나 생태공간은 전보다 줄어들 것으로 시민들은 짐작한다.

일본인들은 조상을 화장해야 잘 모셨다고 생각한다고 한다. 경황이 없어 매장했더라도 나중에 다시 화장해야 마음이 놓인다고 한다. 티베트는 천장(天葬) 또는 조장(鳥葬)이라고 하여 산꼭대기에서 조상의 시신을 독수리에게 내어주는 풍습이 있다. 윤회를 믿는 불교신앙을 바탕으로 혼이 나간 시신을 독수리에게 보시하는 것인데, 약간의 경작지 이외에 척박한 땅으로 구성된 지역에서 어쩌면 고육책인지 모른다. 우리 전라남도 도서지방에는 아직도 초분(草墳) 풍습이 남아 있다. 바로 매장하는 대신 인적이 드문 산기슭에 이엉으로 시신을 덮고, 2에서 3년 후, 남은 뼈를 잘 씻고 매장하는 풍습이다. 요즘은 묘소를 구할 수 없는 가난한 이보다 효성이 극진한 후손이 선택한다고 전한다.

『내 영혼이 아름답던 날들』에서 할아버지의 친구인 윌로 존은 자신의 시신을 나무 아래 묻어달라고 할아버지에게 부탁한 후 숨을 거둔다. 자신에게 그늘과 바람을 준 나무에 대한 보답으로 일 년치 양분이 될 것으로 기대한다. 주인공 작은나무는 할아버지와 할머니를 윌로 존처럼 매장했고 자신도 그렇게 묻힐 것으로 다짐한다. 어쩌면 우리의 초분과 닮았다. 지금도 자신의 태(胎)를 묻은 곳을 고향으로 여기는 관습이 있는데, 시신까지 자연에 돌려주는 장례는 매장이나 화장보다 생태적이라고 생각한다.

매장보다 화장이 묘소의 크기를 줄일 수 있어 토지 이용 측면에서 효율적이지만 화장할 때 소비되는 화석연료의 양을 무시할 수 없다. 불필요한 에너지 소비를 우려하는 전문가도 있다. 인습상 티베트 같은 조장을 받아들이기 어렵다면 윌로 존처럼 매장하면 어떨까. 관이나 시신 주변에 석회를 뿌리지 않고, 봉분을 아주 낮게 처리한 후 그 위에 수명이 긴 전통수종을 심으면 어떨까. 시신이 썩으며 나오는 양분을 받아 튼실하게 자라는 나무를 후손들이 보살피며 그 그늘에서 선조를 기억할 수 있다면 나무 아래 묻혔던 선조도 기쁘지 않을까. 생태적이지 않을까.

땅도 에너지도 낭비되지 않을 수 있을 텐데. 화장한 뒤 그 재를 나무 밑에 파묻는 이른바 '수목장'은 묘지 부족과 호화 납골당 문제를 극복할 수 있는 대안임에 틀림없지만 생태적인 방식은 아니다. 에너지 들어간 재보다 온전한 시신을 자연에게 돌려주는 장묘문화가 훨씬 생태적이다.

귀농, 느리게 살기

이 시대의 진정한 농군인 천규석 선생은 "돌아갈 때가 되면 돌아가는 것이 진보다"라고 주장한다. 세상의 모든 화두가 '돈'을 지향하는 어지러운 경쟁사회에서 함께 나누는 공동체를 꿈꾸는 사람들의 결론은 귀농으로 모아진다. 설사 귀농까지 아니더라도 이웃을 돌아보며 안부를 묻고 위로와 격려와 희망과 행복을 주고받을 수 있는 '느린 삶'을 추구하고 싶어진다. 쳇바퀴처럼 돌아가는 회색도시에서 쫓기듯 살아가던 도시인일수록 문득 자신을 돌아본 후, 느리게 살거나 귀농을 결심하며 가족을 설득하고 싶게 된다.

그런데 막상 귀농한 이후 먹고사는 일에 허둥대기 십상이고 유기농산물 재배와 관련하여 본의 아니게 완고한 이웃과 불편함이 생겨 마음 고생하는 경우가 왕왕 발생한다. 관행농업하는 기존 주민들의 완고한 비협조로 생태적인 삶이 어려워지고, 이웃을 상실하여 생기는 외로움으로 자괴감에 빠질 적도 많다. 그래서 먼저 귀농해 자리잡은 사람 주변으로 모여 공동체를 조성하려 애쓰지만 대부분의 귀농인들은 도시의 삶을 완전히 포기하기 못한다. 자식이 농사짓겠다면 기분이 흔쾌하지 못하다. 농사짓는 도시인의 삶을 엉거주춤하게 유지하느라 몸도 마음도 지치곤 한다.

작금의 농촌은 중앙집중적 생산력주의에 매몰돼 있다. 농약과 화학비료를 동원해 밭떼기로 농사짓고 나 몰라라 판다. 찌들대로 찌든 농협빚에 의존해 하루하루 연명한다. 그들에게 섣부른 유기농업 전환은 파산을 의미한다. 유기농산물을 재배하는 귀농인들은 어렵더라도 관행농업 농부에게 희망을 꾸준히 불어넣어야 한다. 도시의 유기농산물 소비자들은 생명이 순환되는 농촌을 살리기 위해 유기농업으로 전환하는 농부들을 지원해주어야 한다. 방법은 다양할 수 있다.

장일순 선생이 그랬던 것처럼, 농약이 채 제거되지 않은 농토에서 수확한 전환기 농산물이라도 소비자들이 기꺼이 구입해주는 일, 직거래 관계자들은 유기농업을 희망하는 관행농부들이 농협빚의 멍에에서 빠져나올 수 있도록 무이자 신용사업을 강구하는 일도 포함할 수 있을 것이다.

흔히 '옆집아줌마 바이러스'로 지칭하는 주변의 무책임한 행태와 권유에 현혹되거나 내 자식의 진로에 대한 위기의식을 갖지 않고, 나와 내 가족은 물론 이웃과 더불어 느리게 살 수 있도록 마음과 행동의 여유를 갖는 것이 중요하다. 하지만 어렵다. 나만 느리게 살면 도태될 텐데 하는 걱정 속에, 경쟁심을 조장하는 사회분위기에서 조바심이 발동하고, 처지기 싫어하는 자존심이 자꾸 남의 삶에 나를 비교하기 때문이다. 현실의 구렁텅이에서 빠져나갈 자신감이 부족하기 때문으로, 이는 "느리게 살자고 이야기하러 다니느라 바쁘다"고 너스레떠는 내 자신의 한계이기도 하다.

나가는글

웰빙을 기획 취재한 어떤 신문기자는 "우유를 먹는 사람과 우유를 배달하는 사람 중 누가 더 웰빙족에 가까울까" 묻곤, 정답이 우유를 배달하는 사람이라고 답한다. "우유를 앉아서 먹는 사람에 비해 배달하는 사람은 새벽 공기를 마시며 몇 시간 동안 걷거나 뜀으로써 충분한 운동을 하기 때문"이라는 것이다. 생태적인 삶은 마음가짐에서 출발해야 한다. 생태는 다양성과 순환으로 요약할 수 있다. 다양성은 개성이고 순환은 평등이다. 나보다, 나를 존재하게 해주는 이웃, 그 안에서 순환도 다양성도 보장되기 때문이다.

난지도 쓰레기매립장의 넓은 봉우리를 개발해 만든 노을공원은 퍼블릭을 유난히 강조하는 골프장이다. 그 골프장을 일컬어 서울시는 한때 '생태 골프장'이라고 말했다. 이처럼 '생태'라는 용어도 오염되었지만 그럴수록 생태적 삶은 중요하다. 나만 살아가는 세상이 아니기 때문이다. 그를 위해 진정한 생태적 삶은 무엇인지, 일상 속에 숨겨진 생태적 삶에 대한 오해를 풀어주는 것도 의미가 없는 일은 아닐 것이다. 이글은 그 작은 의도로 썼다.

녹색의 상상력

박병상 지음

초판 1쇄 찍음 2006년 2월 7일
초판 1쇄 펴냄 2006년 2월 15일
펴낸이 김영조
펴낸곳 달팽이출판
등록 2002년 2월 28일 제 22-2112호
주소 137-070 서울시 서초구 서초동 1420-6 성협빌딩 3층
전화 02-523-9755   팩스 02-523-9754
ecohills@dreamwiz.com   cafe.daum.net/ecohills

ISBN 89-90706-14-9 03330